美味中国

新式调味配方大全

马健　黄勇　钱峰　主编

Delicacy in China

A Complete Collection of
New Seasoning Formulas

中国轻工业出版社

图书在版编目（CIP）数据

美味中国：新式调味配方大全 / 马健，黄勇，钱峰

主编 . -- 北京：中国轻工业出版社，2025.1.

ISBN 978-7-5184-5198-2

Ⅰ . TS264

中国国家版本馆CIP数据核字第20244PG286号

责任编辑：贺晓琴　秦宏宇　　责任终审：劳国强　　　　设计制作：锋尚设计

策划编辑：史祖福　贺晓琴　　责任校对：朱　慧　朱燕春　　责任监印：张　可

出版发行：中国轻工业出版社（北京鲁谷东街5号，邮编：100040）

印　　刷：三河市万龙印装有限公司

经　　销：各地新华书店

版　　次：2025年1月第1版第1次印刷

开　　本：787×1092　1/16　印张：11

字　　数：235千字

书　　号：ISBN 978-7-5184-5198-2　定价：38.00元

邮购电话：010-85119873

发行电话：010-85119832　010-85119912

网　　址：http://www.chlip.com.cn

Email：club@chlip.com.cn

本书编写人员

主　编　马　健　黄　勇　钱　峰
副主编　陈小茶　蒋　力　段　凯　桑宇平
参　编　郭长健　黄　君　汪　瑞　杨志东
　　　　贾冬斌　周　静　王旭杰　陈小雨
　　　　吴长华　芮　琼　罗来庆　姜洋波
　　　　吴严章　席锡春

前　言

随着我国社会经济的迅猛发展，人们的生活水平越来越高，对美食的需求更加旺盛，对菜肴的制作要求也越来越高。餐饮行业也随之快速发展，一批批优秀烹饪工作者不断涌现，特别是近年来，中餐与其他国家的饮食交流越来越频繁；同时，国家不断加强对餐饮行业的扶持，出台了一系列的政策，这也对中国的餐饮行业提出了更高的要求，对激励烹饪工作者奋发进取、推动中国餐饮经济高质量发展具有极其重要的意义。

调味技术是中式烹调的重要组成部分，先人在长期的生活实践中积累了大量的有关调味品使用和制作的经验。随着人们生活水平的提高，人们对饮食的要求也越来越高，传统的调味技术已经不能满足现代人的美食需要，调味技术亟待创新。我国地大物博，不同地区有着不同的饮食爱好，各地方的调味千差万别，许多调味品与地方的物产、气候、环境有着极大的关系。而调味品调制出的味型又是中国菜肴的灵魂，用好调味品，也是一个合格的烹饪工作者的一项基本技能。特别是近年来，西式餐饮快速涌入我国，西式调味品的影响越来越广泛，也越来越被人们所接受。不少烹饪工作者以及相关研发部门也在不断开发新式调味品，为中式烹调技艺以及中国餐饮行业的发展提供了极大的技术空间。

编者通过近年来的考察和品鉴，借鉴许多传统和现代的调味技术，记录了一些具有特色的调味品制作方法，特编写成册，满足广大烹饪工作者的需求。在编写的过程中，有些调味品具有一定的地域性，为了方便更多的烹饪工作者以及烹饪爱好者参考，采用了一些大家熟悉的原料代替，更为实用。本书虽然列举了一定的制作比例，但在制作过程中，需要读者结合实际，因地制宜，灵活运用。

本书在编写过程中，结合烹饪特点，注重理论和实践相结合，着重实用性和适应性，力求概念准确、通俗易懂，为大众所接受，成为大众喜爱的读物。

本书由上海同济餐饮管理有限公司马健、江苏省溧阳中等专业学校黄勇和江苏省徐州技师学院钱峰担任主编；中山市海港城海鲜大酒楼陈小茶、上海天目府蒋力、清华大学饮食服务中心段凯和苏州市太湖旅游中等专业学校桑宇平担任副主编；金龙鱼国际烹饪研究院郭长健，上海海味观黄君，复旦大学总务处汪瑞，上海财经大学后勤中心杨志东，清华大学饮食服务中心贾冬斌、周静，山东城市服务职业学院王旭杰，苏州市太湖旅游中等专业学校陈小雨，江苏省滨海中等专业学校吴长华，南京金陵高等职业技术学校芮琼，江苏食品药品职业技术学院罗来庆，长沙商贸旅游职业技术学院姜洋波，江苏省溧阳中等专业学校吴严章，佛山市南海区九江职业技术学校席锡春，参编。全书由钱峰进行统稿。

由于时间仓促、编者水平有限，缺点、遗漏在所难免，书中有不妥之处，恳请专家、同行及广大读者批评指正。

编者

2024年10月

目　录

第一章　调味基础理论

第一节　调味概述

　　中国的菜肴讲究色、香、味、形、滋、质、器，其中以味为核心，不同的地方菜在味上有较大差别，所谓"南甜北咸，东辣西酸"便是对全国范围内的饮食在味道上的概括。

　　味是中国菜肴的灵魂，也是评价菜肴质量的一个重要因素。调味是指运用各种调味原料和调制手段，使调味料之间及调味料与主配料之间相互作用、协调配合，从而赋予菜肴一种新的滋味的过程。

一、调味的含义

1. 味的含义

　　"味"，顾名思义，食物进入口中即有了"味"。味的主体是人，只有人才能赋予食品各种各样的感受，即产生了"五味调和百味香（鲜）""食无定味，适者为珍""民以食为天，食以味为先，味以香为范""千人千味""百人百味""不同的人有不同的味"等俗语。

　　"味"的含义广泛而深远，主要是指菜肴在人口腔内的感觉。据统计，味的种类多达5000种，但概括起来，不外乎两大类，即单一味和复合味。单一味又称单纯味或母味，是最基本的滋味。从味觉生理的角度看，单一味只有咸、甜、酸、苦4种。有研究表明，鲜味也是一种生理基本味。从烹调角度看，一般有咸、甜、酸、鲜、辣、麻6种。复合味，也称多样味，是指两种或两种以上的单一味组合而成的滋味。复合味是菜肴的根本味道，每一款菜肴都是复合味的充分体现。

2. 味觉的含义

味觉又称味感，是某些溶解于水或唾液的化学物质作用于舌面和口腔黏膜上的味蕾所引起的感觉。近代科学研究表明：菜肴的各种味感都是呈味物质溶液对口腔内味感受体的刺激，通过收集和传递信息的神经感觉系统传导到大脑的味觉中枢，经大脑综合神经中枢系统的分析处理而产生的。味觉具有灵敏性、适应性、融合性、变异性、关联性等基本性质。它们是控制调味标准的依据，也是形成调味规律的基础。

（1）味觉的灵敏性　是指味觉的敏感程度，由感味速度、呈味阈值和味分辨力三个方面综合反映。

（2）味觉的适应性　是指由于持续某一种味的作用而产生的对该味的适应，如常吃辣而不觉辣、常吃酸而不觉酸等。味觉的适应有短暂和永久两种形式。

（3）味觉的融合性　是指数种不同的味可以相互融合而形成一种新的味觉。

（4）味觉的变异性　是指在某种因素的影响下，味觉敏感度发生变化的性质。所谓味觉敏感度，指的是人们对味的敏感程度。味觉敏感度的变异有多种形式，由生理条件、温度、浓度、季节等因素所引起。此外，味觉敏感度还随心情、环境等因素的变化而改变。

（5）味觉的关联性　是指味觉与其他感觉相互作用的特性。在所有的其他感觉中，嗅觉与味觉的关系最密切。

二、调味的作用

调味就是将组成菜肴的主、辅料与多种调味品恰当配合，在不同温度条件下，使其相互影响，经过一系列复杂的理化变化，去除异味、增加美味，形成各种不同风味菜肴的工艺。调味是菜肴制作的关键技术之一，只有不断地练习和探索，才能慢慢地掌握其规律与方法，并与火候巧妙地结合，烹制出色、香、形、味俱佳的佳肴。调味工艺的作用主要表现在以下方面。

1. 确定和丰富菜肴的口味

菜肴的口味主要是通过调味工艺实现的，虽然其他工艺流程对口味也有一定的影响，但调味工艺起着决定性作用。各种调味原料在运用调味工艺进行合理组合和搭配之后，可以形成多种多样的风味特色。

2. 去除异味

有些原料带有腥味、膻味或其他异味，有些原料则较为肥腻，都必须通过调味才能去除或减少菜肴的腥与腻等。如一般用姜、葱、芹菜及红辣椒等去除鱼的腥味，用葱、姜、甘草、桂皮、料酒等去除羊肉的膻味等。

3. 提鲜佐味

有的菜肴原料营养价值高，但本身并没有什么滋味，除用一些配料之外，主要靠调味料调味，使之成为美味佳肴。

4. 杀菌消毒

调味料中有的具有杀灭或抑制微生物繁殖的作用，如盐、姜、葱等，能杀死某些病菌，提高食品的卫生质量；食醋既能杀灭某些病菌，又能减少某些维生素损失；大蒜具有灭杀多种病菌和增强维生素B_1功效的作用。

三、调味的原理

1. 溶解扩散原理

溶解是调味过程中最常见的物理现象，呈味物质溶于水（包括汤汁）或油，是一切味觉产生的基础；即使完全干燥的膨化食品，它们的滋味也必须等人们咀嚼以后溶于唾液才能被感知。溶解过程的快慢和温度相关，所以加热对呈味物质的溶解和均匀分布是极为有利的。

有了溶解过程就必然有扩散过程，扩散就是溶解了的物质在溶液体系中均匀分布的过程。扩散的方向总是从浓度高的区域朝着浓度低的区域进行，而且扩散可以进行到整个体系的浓度相同为止。在调味工艺中，码味、浸泡、腌渍及长时间的烹饪加热都涉及扩散作用。调味原料扩散量与其所处环境的浓度差、扩散面积、扩散时间和扩散系数密切相关。

2. 渗透原理

渗透作用的实质与扩散作用颇为相似，只不过在扩散现象里，扩散的物质是溶质的分子或微粒，而渗透现象中进行渗透的物质是溶剂分子，即渗透是溶剂分子从低浓度溶液经半透膜向高浓度溶液扩散的过程。在调味过程中，呈味物质通过渗透作用进入原料内部，同时食物原料细胞内部的水分透过细胞膜流出组织表面，这两种作用同时发生，直到平衡为止。加热可以提高呈味物质的渗透作用，机械搅拌或翻动可以增加呈味物质的渗透面积，从而使渗透作用均匀进行，达到口味一致的目的。

3. 吸附原理

吸附是指某些物质的分子、原子或离子在适当的距离以内附着在另一种固体或液体表面的现象。在调味工艺中，调味品与原料之间的结合，有很多情况就是基于吸附作用，诸如勾芡、浇汁、调拌、粘裹、撒粉、蘸汤等，几乎都和吸附作用有一定的关系。当然，在调味工艺中，吸附与扩散、渗透及火候的掌握是密不可分的。

4. 分解原理

烹饪原料和调味品中的某些成分，在热或生物酶的作用下，能发生分解反应，生成具有味感（或味觉质量不同）的新物质。例如，动物性原料中的蛋白质，在加热条件下有一部分可发生水解生成氨基酸，能增加菜肴的鲜美滋味；含淀粉丰富的原料，在加热条件下，有一部分会水解成麦芽糖等，可产生甜味；某些瓜果蔬菜在腌渍过程中产生有机酸，使它们产生酸味等。另外，在热和生物酶的作用下，食物原料中的腥、膻等不良气味或口味成分有时也会分解，这样在客观上起到了调味的作用，也改善了菜肴的风味。

5. 合成原理

在加热的条件下，食物原料中的小分子量的醇、醛、酮、酸和胺类化合物之间发生合成反应，生成新的呈味物质，这种作用有时也会在原料和调味品之间进行。合成时涉及的常见反应有酯化、酰胺化、羰基加成及缩合等，合成产物有的会产生味觉效应，而更多的是嗅觉效应。

四、调味的原则

调味的原则是针对不同的菜肴、不同的原料、不同的季节，将调味品、调味手段、调味时机巧妙结合有机运用。烹调之妙在于"有味者使之出，无味者使之入"，调味之调贵在调和。

（一）适时适量，准确投料

调味适时主要包括两方面的含义：一是调和菜肴风味，要合乎时序，注意时令。因为季节气候的变化，人对菜肴的要求也会有改变。在天气炎热的时候，人们往往喜欢口味清淡、颜色雅致的菜肴；在寒冷的季节，则喜欢口味浓厚、颜色较深的菜肴。在调味时，可以在保持风味特色的前提下，根据季节变化，灵活掌握。另外，各种原料都有一个最佳的食用时期，其他时期滋味自然会不如此时。菜肴的色、香、味、形、质等要因季节而变化。二是烹调中投放调味品和原料要讲求时机和先后顺序，要井然有序，并使主料、辅料、调味品、加热、施水等密切配合。时机得当，就是看火下料，瞅准锅中的变化情况，不迟不早地果断投入调味品，使菜肴滋味鲜美，又免受不利影响。如煮肉不宜过早放盐、烧鱼一般要先放些醋、易出水的馅料要先拌点油、菜肴出锅时放味精等，都是有先后顺序的，颠倒了就达不到应有的调味效果。

适量是指调味品的用量合适和比例恰当。用量合适就是根据原料的数量来确定调味品的用量，大件投料多，小件投料少，做到味的轻重浓淡不变。比例恰当，就是根据菜肴的滋味要求，来确定各种调味品之间的比例，严格控制调味品组合，保证每次调配同一种菜肴时滋味变化不大。

（二）按规格调味，保持风味特色

我国的烹调技艺经过长期的发展，已形成了许多各具风味特色的佳肴美馔，各个菜系也形成了不同的调味特色和相对固定的味型。味型主要由滋味来体现，如鱼香味型、宫保味型、荔枝味型、麻辣味型、家常味型等。在烹调时要按照相应的规格要求调味，保持风味特色。

（三）五味调和，适口者珍

味的调制变化无穷，但关键在于"适口"。所谓"物无定味，适口者珍"，其最重要的在于五味调和。"正宗"是相对的，不存在绝对的"正宗"。人的口味受着诸多因素的影响，如地理环境、饮食习惯、嗜好偏爱、宗教信仰、性别差异、年龄大小、生理状态、劳动强度等，可谓千差万别，因此菜肴的调味要因人而异，以满足不同人的口味要求。但对于某一类人来说，在很多方面是相同的。所以，在调味时应采取求大同、存小异的办法。

把握适口原则，可以从两方面开发菜肴口味：一是通过消费群体对菜肴风味需求引导菜肴风味的变化，不能生搬硬套；二是开辟新的味源，引导消费群体接受新的口味。此外，菜肴的质地、温度等都应当遵循适口原则。根据实验结果报告，冷菜的最佳食用温度在10℃左右，热菜在70℃以上，汤、炖品在80℃以上，砂锅、煲菜在100℃。

五、调味的要求

菜肴的调味，除了掌握调味的原则，根据原料性状、菜肴特点和烹制方法合理安排调味的程序，恰当运用调味方法，还必须掌握以下几点要求。

（一）了解调味品的种类和特点

调味品是形成菜肴滋味的物质基础，其种类越多，所调配的复合味就越丰富；其品质越优，所调配的菜肴滋味就越纯正。因此，调味前必须先备调味品，对调味品的要求不仅要各味俱全，还要求每一味调味品还应有较多的品种，同时每一品种应选品质最优者。

（二）掌握味觉的特性及其相互影响

在调味工艺中，要了解各种味觉的特性。如咸味为"百味之本"，除甜味外，其他所有味觉都是以咸味为基础，然后再进行调和；甜味是甜味菜肴的基础味，是调整风味、掩蔽异味、增加适口性的重要因素，对菜肴风味起协调平衡作用，在低浓度时对于某些菜肴还具有增鲜的作用。

（三）根据烹饪原料的性质，掌握好调味

一是新鲜原料，调味不宜太重，以免影响原料本身的鲜美滋味。例如，新鲜的鸡、鸭、鱼、虾、蔬菜等，调味时不宜太重；否则，原料本身的鲜美滋味会被浓厚的调味品所掩盖。过分地咸、甜、酸、辣，都将是"喧宾夺主"。如贵州传统名菜"三把鸡"、山东名菜"活吃鲤鱼"、河南名菜"生鲜蒸鱼"等，要求烹调的时间极短，一只活鸡、一条活鱼几分钟内就变成席上佳肴，吃的就

是鲜味。

二是带有腥膻味的原料，要酌加去除腥膻的调味品，例如，牛羊肉、鸡、鸭、鱼和动物内脏，腥膻气味较大，在烹调时要酌加料酒、醋、葱、姜、蒜、糖等。有的腥膻原料，还可用焯水的办法，解除其本身的腥膻气味。

三是原料本身无显著滋味的，调味时要适当增加滋味。有些原料本身不具有鲜味特性，如豆腐类原料、海参、燕窝等，都是淡而无味的，如不加调料则不好吃，调味时应适当增加滋味。海参、燕窝之类珍贵原料，需要用经调味烹制的鸡汤、肉汤或其他鲜汤煨汤后，才能使鲜味浸入，成为席上佳肴，如不加鲜汤等调味品，还不如一般蔬菜。对豆腐、粉皮之类原料，则要全靠调味品调味，使之成为美味佳肴。

此外，厨师还非常讲究原汁原味。凡能保持原汁原味的菜肴，一般应采取清蒸、清炖的烹调方法和调味手段，尽量保持原汁原味。

（四）根据烹调工艺和菜肴的不同要求，采取不同的调味方法

不同的烹调工艺和不同的菜肴，需要经历的调味阶段不同，适应的调味方法也不同，有的甚至要经过多道调味工序。因此，要做到随菜施调，同时保证各种菜肴的滋味层次分明但又相互融合，风味特色突出。

六、调味的方法

调味方法是指在烹调工艺中，将调味品作用于烹饪原料（半成品），使其转化成菜肴的途径和手段。

1. 根据调味的时机不同划分

（1）原料加热前的调味　原料在加热前的调味又称基本调味，其目的主要是使原料在加热前就具有一个基本的滋味（即底味），同时改善原料的气味、色泽、硬度及持水性，一般多适用于加热中不宜调味或不能很好入味的烹调方法制作的菜肴，如用蒸、炸、烤等，一般均需对原料进行基本调味。

（2）原料加热中的调味　原料加热中的调味又称定性调味，其特征为调味在原料加热容器内进行，目的主要是使菜肴所用的各种主料、配料及调味品的味道融合在一起，并且配合协调统一，从而确定菜肴的滋味。所以，此阶段是

菜肴的决定性调味阶段，它主要适用于水烹法加热过程中的调味。常用的调味方法有热渗法、分散法、裹浇法、粘撒法等。

（3）原料加热后的调味　原料在加热后的调味又称辅助调味，是菜肴起锅后上桌前或上桌后的调味，是调味的最后阶段。其目的是补充前两个阶段调味的不足，进一步增加风味，使菜肴滋味更加完美。很多冷菜及不适宜加热中调味的菜肴，一般都需要进行加热后的调味。此阶段常用的调味方法有浇拌法、粘撒法和跟碟法等。

2. 根据调味的次数划分

（1）一次性调味法　是指在烹调过程中一次性加入所需要的调味品就能完成菜肴复合味的调味方法。

（2）多次性调味法　是指在烹调过程中需要在烹制前、中、后进行多次调味才能确定菜肴口味的方法。如油炸菜肴在加热前调定基本味，在加热后补充特色味。

3. 按照调味品作用于原料的不同形式划分

（1）纯物理作用的调味方法　借助调味品的呈味作用，通过对原料（半成品）吸附、粘裹、渗透等方式，达到改善原料固有的滋味，使之成为菜肴的一类调味方法。调味时，将配制好的调料（不必加热）直接作用于经过一定加工的原料（包括生、熟两类），调味品之间、调味品和原料之间都不需共同受热。这类调味方法多属于一次性调味，只适用于少数类别菜肴的调味，如拌、淋、泡、腌等。

（2）理化作用相结合的调味方法　此种调味方法在调味时需借助于加热。菜肴新滋味的形成，主要靠调味品和原料之间受热发生的化学变化——分解与合成。这种变化受到诸多因素影响，如不同传热介质的性能差别以及加热时间长短、调味品对原料的效果等，属于多次性调味。有些菜品在加热前需借助物理方式，用调味品作用于原料，使其渗透入味；加热中，使原料与调味品之间发生分解合成等反应，从而形成特定滋味；加热结束后，有的菜肴还要进行补充调味——吸附、粘裹。其中，加热前和加热后的调味属于物理性的调味方法，加热中的调味则属于化学变化的调味方法。上述几个环节中，使用的调味手段既可以一次完成，也可以分两步完成，有些菜肴三个阶段都需要。

4. 根据烹调工艺中原料入味（包括附味）的方式不同划分

按照此种方法可分腌渍、分散、热渗、裹浇、粘撒、跟碟等几种方法。这些方法可以单独使用，但更多的是根据菜肴的特点将数种方法综合应用。

（1）腌渍调味法　是将调味品与主辅料拌和均匀，或者将主辅料浸泡在溶有调味品的溶液中，经过一定时间使其入味的调味方法。所用调味品主要有食盐、酱油、蔗糖、蜂蜜、食醋等。腌渍有两种形式：一种是干腌渍，即将调味品干抹或拌揉在原料表面使其进味的方法，常用于码味和某些冷菜的调味；另一种是湿腌渍，即将原料浸置于溶有调味品的溶液中腌渍进味的方法，常用于花刀原料和易碎原料的码味以及一些冷菜的调味和某些热菜的进一步入味。

（2）分散调味法　是将调味品溶解并分散于汤汁中的调味方法，多用于水烹菜肴的调味。对于糜状原料仅靠水的对流难以分散调味品，还必须采用搅拌的方法将调味品拌匀，有时要把固态调味品事先溶解成溶液，再均匀拌和到肉糜原料之中。

（3）热渗调味法　是在加热过程中使调味品中的呈味物质渗入原料内部中去的调味方法。此法常与分散调味法和腌制调味法配合使用。热渗调味法需要一定的加热时间做保证，一般加热时间越长，原料入味就越充分。

（4）裹浇调味法　是将液体状态的调味品裹浇于原料表面，使其带味的方法。按调味品黏附方法的不同可分为裹制法和浇制法两种。裹制法是将调味品均匀裹于原料表层的方法，在菜肴制作中使用较为广泛，可以在原料加热前、加热中或加热后使用。从调味的角度看，上浆、挂糊、勾芡、收汁、拔丝、挂霜等均是裹制法的应用。浇制法是将调味品浇散于原料表面的方法，多用于热菜加热后及冷菜切配装盘后的调味，如脆熘菜及一些冷菜的浇汁等。浇制法调味不如裹制法均匀。

（5）粘撒调味法　是将固体状态的调味品黏附于原料的表面，使其带味的方法。通常是将加热成熟后的原料，置于颗粒或粉末状调味品中，使其粘裹均匀；也可将颗粒或粉末状调味品投入锅中，经翻动使其裹匀原料；还可将原料装盘后再撒上颗粒或粉末状调味品。此法适用于一些热菜和冷菜的调味。

（6）跟碟调味法　是将调味品盛入小碟或小碗中，随菜一起上席，由用餐者蘸食的调味方法，多用于烤、炸、蒸、涮等技法制成的菜肴。跟碟上席可以一菜多味（即摆上数种不同滋味的味碟），由用餐者根据喜好自选蘸食。跟碟法较之其他调味方法灵活性大，能同时满足不同人的口味要求。

第二节　调味料分类

调味料又称调味原料，是指在菜点制作过程中用量较少、但能提供和改善菜点口感的一类原料。调味料按味别的不同分为单一调味料和复合调味料。单一调味料是调味的基础。只有在了解其组成成分、风味特点、理化特性等知识的基础上，才能正确运用各类调味料，达到为菜点赋味、矫味和定味以及增进菜肴色泽、改善质地、增进食欲等方面的目的。单一调味料又分为咸味调料、甜味调料、酸味调料、鲜味调料、辣味调料、香味调料、苦味调料等。复合调味料是指用两种及以上的单一调味料经加工再制成的调味料，如糖醋味、红油味、香糟味、芥末味等。由于使用的配料、比例及加工习惯的不同，复合调味料的种类很多。

各种调味料具有不同调味作用，因为它们有自己特定的呈味成分，即化学成分。化学成分的呈味与其化学成分的特性有极密切的联系。不同的化学成分可以通过对人们不同部位的味觉器官的作用引起不同的味感，这就是我们通常感觉的咸、甜、酸、苦、辣、鲜等味感。

一、按商品性质分类

依据调味品的商品性质和经营习惯的不同，我们可以将目前中国消费者所常接触和使用的调味品分为以下6类。

1. 酿造类调味品

酿造类调味品是以含有较丰富的蛋白质和淀粉等成分的粮食为主要原料，经过处理后进行发酵，借有关微生物酶的作用产生一系列生物化学变化，将其转变为各种复杂的有机物，此类调味品主要包括：酱油、食醋、酱、豆豉、豆腐乳等。

2. 腌菜类调味品

腌菜类调味品是将蔬菜加盐腌制，通过有关微生物及鲜菜细胞内的酶的作用，将蔬菜体内的蛋白质及部分碳水化合物等转变成氨基酸、糖分、香气及色素，具有特殊风味。其中有的加淡盐水浸泡发酵而成湿态腌菜，有的经脱水、盐渍发酵而成半湿态腌菜。此类调味品主要包括：榨菜、芽菜、冬菜、霉干菜、腌雪里蕻、泡姜、泡辣椒等。

3. 鲜菜类调味品

鲜菜类调味品主要是新鲜植物。此类调味品主要包括：葱、蒜、姜、辣椒、芫荽、辣根、洋葱等。

4. 干货类调味品

干货类调味品大都是根、茎、果等干制而成，含有特殊的辛香或辛辣等味道。此类调味品主要包括：胡椒、花椒、干辣椒、八角、小茴香、芥末、桂皮、干姜、草果等。

5. 水产类调味品

水产类调味品是将水产中的部分动植物干制或加工后制成用于调味的调味品。此类调味品含蛋白质量较高，具有特殊鲜味，主要包括：鱼露、虾米、虾皮、虾子、虾酱、虾油、蚝油、蟹酱、淡菜、紫菜等。

6. 其他类调味品

不属于前面各类的调味品，主要包括：食盐、味精、糖、黄酒、咖喱粉、五香粉、芝麻油、芝麻酱、花生酱、沙茶酱、银虾酱、番茄酱、果酱、桂林辣椒酱、椒油辣酱、芝麻辣酱、花生辣酱、辣酱油、辣椒油、香糟、红糟、菌油等。

二、按成品形状分类

1. 酱品类
酱品类调味料有沙茶酱、豉椒酱、酸梅酱、XO酱等。

2. 酱油类
酱油类调味料有生抽、鲜虾油、豉油、老抽等。

3. 汁水类

汁水类调味料有烧烤汁、卤水汁、喼汁、OK汁等。

4. 味粉类

味粉类调味料有胡椒粉、山柰粉、大蒜粉、鸡粉等。

5. 固体类

固体类调味料有白砂糖、食盐、味精、豆豉等。

三、按呈味感觉分类

1. 咸味调味料

咸味调味料有食盐、酱油、豆豉等。

2. 甜味调味料

甜味调味料有蔗糖、蜂蜜、饴糖等。

3. 苦味调味料

苦味调味料有陈皮、茶叶汁等。

4. 辣味调味料

辣味调味料有辣椒、胡椒、芥末等。

5. 酸味调味料

酸味调味料有食醋、番茄汁、山楂酱等。

6. 鲜味调味料

鲜味调味有味精、鸡精、虾油、鱼露、蚝油等。

7. 香味调味料

香味调味料有花椒、八角、料酒、葱、蒜等。

四、根据性质、来源、加工方法分类

1. 化学调味料

化学调味料有甜蜜素等。

2. 复合调味料

复合调味料有各种调味汁、少司、菜肴用复合调味料（如火锅调料）。

3. 核酸调料

核酸调料中大多含有5′-IMP、5′-GMP等鲜味物质，如配制特鲜味精、特鲜酱油、特鲜汤料、特鲜粉等。

4. 原始辛香调味料

原始辛香调味料有花椒、姜、肉桂、桂皮、八角、芥菜、胡椒、芫荽、小茴香、孜然等。

5. 粉状混合调味料

粉状混合调味料有五香粉、咖喱粉等。

6. 天然调味料

天然调味料有动物、植物、酵母提取物等。

7. 发酵酿造调味料

发酵酿造调味料有酱油、鱼露、食醋、黄酒等。

8. 西式调味料

西式调味料有蛋黄酱、沙拉酱、烧烤汁等。

五、按用途分类（主要是复合专业调味料）

1. 快餐调味料
2. 复合菜用调味料
3. 方便食品调味料
4. 西式调味料
5. 膨化食品调味料
6. 火锅调味料
7. 速冻食品调料
8. 海鲜品调料

除了以上单一味为主的调味品外，还有大量的复合味调味品，如油咖喱、甜面酱、腐乳汁、花椒盐等。

六、其他分类

调味料的分类还可以有其他一些方法，如按地方风味分类，有广式调料、川式调料、港式调料、西式调料等；还有一些特色品种调料，如涮羊肉调料、火锅调料、糟货调料等。

我国研制和食用调味料有着悠久的历史，调味料的品种众多，其中有属于中国传统的调味品，也有引进的调味品和新兴的调味品品种。

第二章　调味原料及菜肴味型

第一节　基本调味料

一、咸味调味料

咸味自古就被列为五味之一。烹饪应用中咸味是主味，是绝大多数复合味的基础味，有"百味之主"一说，不仅一般菜品离不开咸味，就连糖醋味、酸辣味等也要加入适量的咸味才能浓郁适口。咸味调味料主要有食盐、酱类、酱油等。

1. 食盐

食盐不仅是人们膳食中不可缺少的调味品，还是人体中不可缺少的物质。它的主要成分是氯化钠，是一种中性的无机盐。

在我国，传说盐起源的时间远在五千年前的炎黄时代，夙沙氏是用火煎煮海水制盐之鼻祖，后世尊崇其为"盐宗"。中国也是盐井的发明地。《蜀王本纪》中有"宣帝地节中，始穿盐井数十所。"自汉代起，也开始利用盐池取盐。《洛都赋》中有"其东有盐池，玉洁水鲜，不劳煮沃，成之自然。"

古时盐的种类繁多，从颜色上分有绛雪、桃花、青盐、紫盐、白盐等；从出处分有海盐取海卤煎炼而成，井盐取井卤煎炼而成，碱盐是刮取碱土煎炼而成，池盐出自池卤风干，崖盐生于土崖之间。在《明史》中记有："解州之盐风水所结，宁夏之盐刮地得之，淮、浙之盐熬波，川、滇之盐汲井，闽、粤之盐积卤，淮南之盐煎，淮北之盐晒，山东之盐有煎有晒，此其大较也。"陶弘景的《名医别录》记有："东海盐、北海盐、南海盐、河东盐池、梁益盐井、西羌山盐、胡中树盐，色类不同，以河东者为胜"。

食盐有很多不同的分类方法，常见的有以下几种：

（1）按照原料来源分类　可以分为四大类，即海盐、湖盐、井盐和岩盐（矿盐）。海盐是将海水引入盐田，经过日晒、蒸发、结晶而成。湖盐是以盐湖水为原料在盐田中晒制而成的盐。地层中的盐质溶解在地下水中，打井汲出这种地下水，经加工后制成的食盐叫井盐。曾经的海洋经过长期蒸发、沉积形成岩石状矿盐层，就是岩盐。

（2）按照是否纯化处理分类　可分为精盐和粗盐。食盐原料经过纯化处理，成为杂质少、颗粒小的精盐。未经纯化的杂质多、颗粒大，称为粗盐。

（3）按照是否加碘分类　可分为碘盐和无碘盐。我国自1996年起推广加碘食盐，添加碘酸钾、碘化钾或海藻碘，其中海藻碘吸收率更好。

（4）按照是否加氯化钾分类　可分为低钠盐和普通盐。钾离子也能产生一定咸味，食盐中加入氯化钾，在获得相同咸度的前提下摄入的钠就能少一些，不过钾离子含量高的时候会有苦味，所以也只能是取代一部分钠。普通盐中氯化钠含量一般≥97%，低钠盐中含有70%～90%的氯化钠，其他10%～30%为氯化钾。

2. 酱

酱是我国传统的调味品，是以豆类、谷类为主要原料，以米曲霉为主要的发酵菌，经发酵制成的糊状调味品。除具有咸味外，还具有独特的酱香味、鲜甜味和特殊的酱色。

酱的酿造最早是在西汉。西汉的史游在《急就篇》中就记载有："芜荑盐豉醯酢酱。"唐代颜师古标注："酱，以豆合面而为之也，以肉曰醢，以骨为臡，酱之为言将也，食之有酱……"烹调中常用的酱类品种如豆酱、甜面酱、豆瓣酱三种。

（1）豆酱　又称大豆酱、黄酱、大酱，是以黄豆、面粉、食盐为原料，经发酵制成的酱类调味品。成品呈红褐色或棕褐色，鲜艳有光泽，有酱香味和酯香味，味鲜而醇厚。主要用于酱烧菜、酱肉馅等，还可作为佐餐的蘸料。

（2）甜面酱　又称甜酱、面酱、甜味酱，是以面粉为主要原料，以曲霉为发酵菌，经发酵制成的酱类调味品。成品红褐色或黄褐色，酱香浓郁，味咸鲜而甜，呈黏稠状半流体。在烹调中，甜面酱常用于酱爆、酱炒、酱烧类菜肴的制作，如酱爆鸡丁、京酱肉丝、酱焖肘子等，也用于食用北京烤鸭、香酥鸭、炸里脊、叉烧肉时味碟的制作，还可作为馅心、面码的调料，如酱肉包子、炸酱面。此外，也用于酱菜、酱肉的腌制和酱卤制品的加工，如京酱肉、酱牛肉等。

（3）豆瓣酱　是一种发酵红褐色调味料，制作时的主要材料有蚕豆等，辅料有辣椒、香油、食盐等。根据消费者的习惯不同，在生产豆瓣酱中配制了香油、豆油、味精、辣椒等原料，从而增加了豆瓣酱的品种，深受人们喜爱。以四川郫县豆瓣酱最为出名。

3. 酱油

酱油是中国传统的调味品，是用豆、麦、麸皮酿造的液体调味品，以咸味为主，也有鲜味、香味等。具有色泽红褐、酱香独特、滋味鲜美的特点，有助于促进食欲。它能增加和改善菜肴的味道，还能增添或改变菜肴的色泽。酱油一般有老抽和生抽两种，生抽较咸，用于提鲜；老抽较淡，用于提色。

（1）生抽　是以大豆或脱脂大豆或黑豆、小麦或面粉为主要原料，人工接入种曲，经天然露晒，发酵而成的。生抽颜色比较淡，呈红褐色。吃起来味道较咸，一般用来调味，因颜色淡，故做一般的炒菜或者凉菜的时候用得多。

（2）老抽　是在生抽酱油的基础上，再晒制2～3个月，经沉淀过滤而成。其产品质量比生抽酱油更加浓郁，由于在生抽的基础上加入了焦糖色，颜色很深，呈棕褐色，吃到嘴里后有鲜美微甜的感觉。

二、甜味调味品

甜味是除咸味外可单独成味的基本味之一。呈现甜味的物质有许多，如单糖、双糖、低聚糖、糖醇、某些氨基酸（如甘氨酸）等。此外，某些植物中还含有天然的甜味物质如甘草糖、甜菊糖等。

甜味调味品在烹饪中具有重要的作用。在烹调中，可作为甜味剂单独用于制作甜菜、甜羹、甜馅等；可参与其他多种复合味型的调制，如糖醋味型、家常味型、鱼香味型等；利用某些甜味调味品如蔗糖在不同温度下的变化，还可增加菜点的光泽和色泽。此外，甜味调味品之间具有相互增加甜度的作用，并可降低酸味、苦味和咸味。在烹调中常用的甜味调味品有食糖、糖浆、蜂蜜、木糖醇和山梨醇等。

1. 食糖

食糖的呈甜物质为蔗糖，是烹饪中最常用的一种甜味调料，主要从甘蔗、甜菜两种植物中提取。按照加工方法、成品的色泽和形态的不同，有红糖、白砂糖、绵白糖、冰糖等不同的形式。

（1）红糖　又称土红糖，是以甘蔗为原料，经土法制取的食糖。按外观不同可分为红糖粉、片糖、条糖、碗糖、糖砖等。成品的纯度较低，色从浅黄至棕红都有，结晶颗粒较小，易吸潮溶化，甜度高。烹调中常用于酱油、卤汁等深色复合调味料的制作，或制作色泽较深的甜味菜点，并且还是民间制作滋补食物的常用甜味料。

（2）白砂糖　为质量最佳的一种食糖。其晶体颗粒均匀，颜色洁白，甜味纯正，甜度稍小于红糖。烹调中常用于菜肴的调味、糖色的炒制等。

（3）绵白糖　又称面糖，成品晶体颗粒细小，为粉末状，甜度与白砂糖接近。按加工方法的不同，分为精制和土制两种。精制绵白糖色泽洁白，晶体软细，质量较好；土制绵白糖色泽微黄发暗，质量较差。绵白糖的溶解性高，适合味碟的调制、面团的赋甜等。

（4）冰糖　为白砂糖的再制品，常用于药膳、甜羹的制作，也可用于馅心的制作。

2. 糖浆

糖浆又称为化学糖稀，是以淀粉为原料，在酸或酶的作用下，经过不完全水解而制得的含有多种成分的甜味液体。其糖分组成为葡萄糖、麦芽糖、低聚糖、糊精等。常用的糖浆有饴糖、淀粉糖浆和葡萄糖浆。各种糖浆均具有良好的持水性（吸湿性）、上色性和不易结晶性。在烹饪运用中，糖浆除常作为甜味调味品使用外，还用于烧烤类菜肴的上色、增加光泽，如烤乳猪、烤鸭、叉烧肉等。在糕点、面包、蜜饯等制作中使用糖浆，具有增色增甜、使制品不易变硬等作用，在酥点的制作中不宜使用糖浆，以免影响酥脆性。此外，糖浆可阻止蔗糖的重结晶，故在熬制拔丝菜肴的糖液时加入适量的糖浆，可使拔丝效果更好。

果葡糖浆是新型的淀粉制品，主要组成成分为葡萄糖和果糖，其甜度相当于蔗糖。现在已广泛应用于面包、糕点、饼干、饮料等食品的生产中。

3. 蜂蜜

蜂蜜是由蜜蜂采集花蜜酿制而成的天然甜味食品，通常为透明或半透明状的黏性液体，带有独特的芳香气味。主要成分为葡萄糖、果糖等糖类，还含有一定量的氨基酸、矿物质、有机酸、维生素和来自蜜蜂消化道中的多种酶类。蜂蜜营养丰富，具有益补润燥、调理脾胃等功效。

蜂蜜除在日常生活中作为营养滋补品食用外，还用于糕点、蜜汁菜肴等菜点的制作，具有增甜、保水、赋予菜品独特风味等方面的作用；也可作为面包、馒头、粽子、凉糕等的蘸料。代表菜式有诗礼银杏、蜜汁火方、蜜汁肘子、蜜汁藕片等。

4. 木糖醇和山梨醇

木糖醇为白色粉末，甜度与蔗糖相近，它不被酵母、细菌发酵，因此具有防龋齿的作用。而且，木糖醇在体内的代谢与胰岛素无关，不会增加血糖含量，特别适合糖尿病人食品的赋甜。许多国家已将其用于面包、点心、果酱等制作。山梨醇的甜度为蔗糖的50%～70%，在血液中不受胰岛素的影响，是一种可用于糖尿病、肝病患者食品加工的甜味剂。

三、酸味调味品

酸味是酸性物质离解出的氢离子在口腔中刺激味觉神经后而产生的一种味觉体验。自然界中的酸性物质大多数来源于植物性原料如苹果酸、柠檬酸、酒石酸等以及微生物发酵产生的醋酸、乳酸等。

酸味具有缓甜减咸、增鲜降辣、去腥解腻的独特作用，还可以促进钙质的溶解和吸收，促进蛋白类物质的分解，保护维生素C，刺激食欲，帮助消化。此外，酸遇碱可发生中和反应而失去酸味；在高温下，酸性成分易挥发也可失去酸味。因此，在使用酸味调味品时，需注意这些变化的发生。

在烹饪过程中，酸味很少单独成味，而是同其他调味原料一起使用调制复合味型，如咸酸味型、甜酸味型、酸辣味型、鱼香味型、荔枝味型等。常用的酸味调味品有食醋、番茄酱等。

1. 食醋

食醋是液状酸味调味品，品种繁多。在烹饪中，食醋具有赋酸、增鲜香、去腥膻的作用，是调制酸辣味型、糖醋味型、鱼香味型、荔枝味型等复合味型的重要原料。在原料的初加工中，食醋可防止某些果蔬类原料酶促褐变的发生，并可使甜味减弱、咸味增强、高汤的鲜味提高。此外，食醋还可使质地老韧的肌肉组织软化，并具有一定的抑菌、杀菌作用和一定的营养保健功能。

按加工方法的不同，一般分为发酵醋和合成醋两类。

（1）发酵醋 即酿造醋，为我国传统的食用醋，是以谷类、麸皮、水果等为原料，以醋酸菌为发酵菌将乙醇氧化成乙酸而制成的酸味调味品。其中除含5%~8%的醋酸外，还含有乳酸、葡萄糖酸、琥珀酸、氨基酸、酯类及矿物质和维生素等其他成分。成品酸味柔和、鲜香适口，并具有一定的保健作用。

我国生产的发酵醋种类很多，如糖醋、酒醋、果醋、米醋、熏醋等。常见的名醋如山西老陈醋、四川麸醋、镇江香醋、浙江玫瑰米醋、丹东白醋等。此外，在中西餐中使用的还有鸭梨醋、柿醋、苹果酒醋、葡萄酒醋、色拉醋、铁强化醋和红糖醋等。

（2）合成醋 合成醋即化学醋，是以冰醋酸、水、食盐、食用色素等为原料，按一定比例配制而成的液状酸味调味品。仅具有酸味，无鲜香味，并有一定刺激性。

2. 番茄酱

番茄酱是以成熟期的番茄为主要原料，经破碎、打浆、去除皮和籽、浓缩、装罐、杀菌而成的糊状酸味调味品。成品色泽红艳、味酸甜。其酸味来自苹果酸、酒石酸、柠檬酸等，红色主要来自番茄红素。

番茄酱除直接用于佐餐外，还是制作甜酸味浓的茄汁味型热菜、某些糖粘类和炸制类冷菜必用的调味品。代表菜式如茄汁鱼花、茄汁大虾、茄汁牛肉、茄汁锅巴、茄汁鸡球、茄汁排骨等。使用前需将番茄酱用温油炒制，使其呈色呈香更佳。

四、鲜味调味品

鲜味是一种优美适口、激发食欲的味觉体验。鲜味可使菜点风味变得柔和、诱人，能促进唾液分泌、增强食欲。

在自然界中，鲜味物质广泛存在于动植物原料中，主要有氨基酸（谷氨酸、天门冬氨酸）、核苷酸（肌苷酸、鸟苷酸）、酰胺、氧化三甲基胺、有机酸（琥珀酸）、低聚肽等，所以，在实际应用过程中应突出主配原料的鲜味。需要加以说明的是，鲜味需在咸味的基础上才能体现，而且在调味方面存在"鲜味相乘"原理，即多种鲜味物质的呈鲜作用远远强于一种鲜味物质。

在烹饪中经常使用的鲜味调味品有味精、高汤、蚝油、鱼露等。

1. 味精

味精又名味粉、味之素、谷氨酸钠，其主要成分为谷氨酸钠，是一种鲜味调味料，易溶于水，其水溶液有浓厚鲜味。味精可用小麦面筋等蛋白质为原料制成，也可由淀粉或甜菜糖蜜中所含的焦谷氨酸制成，还可用化学方法合成。

2. 高汤

高汤是指以富含鲜味物质的动物或植物等原料通过长时间精心熬制，使其中所含的浸出物充分溶解于水中所形成的汤汁。由于呈鲜成分较多，所以高汤的鲜味醇厚、回味悠长。在中餐传统烹饪中，高汤是必不可少的鲜味调味品。

根据汤汁是否澄清，可以将高汤分为白汤和清汤。白汤色白如乳、鲜香味浓，常用于高级筵席中奶汤菜肴的制作，如奶汤鱼肚、奶汤鲍鱼、白汁菜心等。清汤清澈如水、咸鲜适口，常用于高级筵席中烧、烩或汤菜的制作，如开水白菜、口蘑肝膏汤、竹荪鸽蛋、清汤鱼圆等。

3. 蚝油

蚝油是以牡蛎为原料，经煮熟取汁浓缩，加辅料精制而成的调味料，是广东常用的传统鲜味调料。质量上乘的蚝油呈稀糊状，无渣粒杂质，色红褐色至棕褐色，鲜艳有光泽，具特有的酯香气，味道鲜美醇厚而稍甜，无焦、苦、涩和腐败发酵等异味，入口有油样滑润感。根据调味的不同，蚝油又可分为淡味蚝油和咸味蚝油两种。用蚝油调味的名菜品种很多，如蚝油牛肉、蚝油鸭掌、蚝油生菜等。

4. 鱼露

鱼露又称鱼酱油，是闽菜、潮州菜和东南亚料理中常用的水产调味品。鱼露是以鱼虾或水产品为原料，经腌渍、发酵、熬炼后得到的一种味道极为鲜美的汁液，色泽呈琥珀色。其味咸，极鲜美营养丰富含有丰富的必需氨基酸、维生素、牛磺酸，还含有钙、碘等多种矿物质。

五、香辛料

香辛料又名辛香料或香料，是指一类具有芳香和辛香等典型风味的天然植物性制品，或从植物（花、叶、茎、根、果实或全草等）中提取的某些香精油等。主要有辛辣味香辛料、芳香类香辛料、苦香类香辛料、酒香类香辛料、花香类香辛料等。

1. 辛辣类香辛料

（1）葱

葱是石蒜科葱属多年生草本植物，别名青葱、大葱、叶葱、胡葱、葱仔、菜伯、水葱、和事草等，基本分类为大葱和小葱，在中国烹饪中充当很重要的角色，作为一种很普遍的香料调味品或蔬菜食用。

（2）姜

姜是姜科姜属多年生草本植物，在中国中部、东南部至西南部等地区广为栽培。四川自贡、山东安丘、山东昌邑、山东莱芜、山东平度大泽山出产的大姜尤为知名。亚洲热带地区亦常见栽培。姜根茎供药用，鲜品或干品可作烹调配料或制成酱菜、糖姜等；其茎、叶、根茎均可提取芳香油，用于食品、饮料及化妆品香料中。

（3）蒜

蒜是石蒜科葱属多年生草本植物，别名胡蒜、独蒜、蒜头和大蒜。原产亚洲西部或欧洲，在世界上已有悠久的栽培历史，我国南北地区普遍栽培，幼苗、花茎和鳞茎均供蔬食，鳞茎还可以作药用。蒜用于烹饪，可作主料单独成菜；也可用作调料，可调制多种复合味，可去除异味，并能矫正滋味，增加香气，与其他香辛料混合使用有增香效果。

（4）辣椒

辣椒是茄科辣椒属的一年生草本植物，辣椒原产于中南美洲热带地区，墨西哥栽培甚盛，于16世纪后期引入中国，如今中国各地都有栽培，在云南分布广泛。辣椒既可作鲜菜用，也可作为调料，干辣椒及辣椒粉是我国重要的出口产品。

（5）洋葱

洋葱又称葱头、玉葱，是石蒜科葱属二年生草本植物。洋葱的食用部位为球茎（鳞茎），洋葱可鲜食也可干用，原产于地中海和亚细亚一带，洋葱味道辛、辣，性温，味强烈，其芳香和甜辣味有很强的矫臭效果，在去除其他材料的异味的同时，也可使自身的刺激味消失。洋葱既可单独食用，又可作为调味料使用。鲜洋葱多用于炒菜食用，还经常作调味料或配菜使用。

（6）香菜

香菜又称芫荽，是伞形科芫荽属的一二年生草本植物。原产于南欧、地中海沿岸，我国西汉时张骞通西域时引入。嫩苗入菜，果实及全草皆可入药。香菜嫩茎和鲜叶有种特殊的香味，常被用作菜肴的点缀、提味之品，是人们喜欢食用的佳蔬之一。

在菜肴的烹制调味中，把香菜放入汤中，可提味增鲜；放入鱼类菜肴中，可减少鱼腥味；切碎凉拌油炸花生，既是下酒菜，又是小菜佳品；也是羊肉、羊肉汤及米线不可缺少的调味料。

（7）胡椒

胡椒属于胡椒科胡椒属的攀缘状藤本植物，是世界上许多国家都在使用的一种香辛料。胡椒原产东南亚，现广植于热带地区，中国福建、广东、广西等地有栽培。

胡椒因加工技艺不同，味道和用途也不同，市售品有四种：绿胡椒、黑胡椒、白胡椒和红胡椒。绿胡椒就是胡椒果实还没成熟的状态，在实际应用中并不常见。采摘后，一般泡在盐水或者醋中，可以保持其鲜亮的颜色。绿胡椒的辣味不强，所以多被用在西餐烹饪或是沙拉调味品。黑胡椒为绿胡椒采摘后直接烘干所得，表面成黑灰色，有皱纹。在实际应用中最为常见，其味道最浓，辣度最高。白胡椒由绿胡椒采摘后泡醋或盐水，再经去皮后烘干制成，气味芳香。经加工后便成了我们烹饪时用的黄白色粉末。红胡椒就是绿胡椒的成熟状态，辣味在胡椒中是最低的，但其果香味是最浓郁的，适合烹饪海鲜和禽类白肉，为菜品增添亮丽的颜色。

胡椒在烹调中有去腥、提鲜、增香、开胃等作用。胡椒具有轻微的辣味，并伴有芬芳香味，是一种高级调味品，多作调味配料，适用于咸鲜类或清香类食物。对牛、羊肉等带异味的荤腥动物原料，加入胡椒粉不仅可去腥增香，而且能提高和改善肉制品质量。水饺、面条等放点胡椒粉更加鲜香可口，炖鸡、烩豆腐等清香淡雅的菜品加入胡椒粉能赋予其独特的香气，风味尤佳。在日常生活中胡椒粉在汤料中用的也较多，如酸辣汤、鸡蛋汤、丸子汤、馄饨等。

（8）芥末

芥末，又称芥子末、西洋山芋菜、芥辣粉，一般分绿芥末和黄芥末两种。黄芥末源于中国，是芥菜的种子研磨而成；绿芥末（青芥辣）源于欧洲，用辣根（马萝卜）制造，添加色素后呈绿色，其辛辣气味强于黄芥末，且有一种独特的香气。

芥末微苦，辛辣芳香，对口舌有强烈刺激，味道十分独特。芥末粉润湿后有香气喷出，具有催泪性的强烈刺激性辣味，对味觉、嗅觉均有刺激作用。可用作泡菜、腌渍生肉或拌沙拉时的调味品，也可与生抽一起使用，充当生鱼片的美味调料。

2. 芳香类香辛料

芳香类香辛料是香味的主要来源，广泛存在于植物的花、果、种子、树皮、叶等部位。气味纯正，芳香浓郁。在烹饪中具有去腥除异、增香的作用。

（1）花椒

花椒是芸香科花椒属落叶小乔木多年生植物，位列调料"十三香"之首，素有"调味之王"的美誉。在《神农本草经》中称秦椒，现也称风椒、巴椒、山椒、野花椒、红椒、蜀椒、大红袍、川椒等。

花椒的香气与辛辣味主要来自花椒油素、水芹香烃、香叶醇、香叶酸等香气物质。烹调中它的香气物质可达到除腥去异、增香和味的目的。花椒适用于炒、烧、烩、蒸等多种烹饪技法，还可用于制作面点、小吃的调香，对增强食欲有一定的作用。花椒不但能独立调香，还可与其他调味品和香味调料按一定比例配合使用，从而衍生出椒盐、怪味、麻辣、椒麻、煳椒等各具特色的风味。川菜中的麻辣味就离不开蜀椒，是川菜的代表性的复合调味技术。一般在加工咸肉或香肠时加入花椒，可取其特殊香气，除去肉腥味，增加咸肉或香肠的风味，且有杀虫作用。

（2）小茴香

小茴香为伞形科多年生茴香属草本植物茴香的果实。小茴香气味芳香，所含挥发油成分主要为茴香脑、小茴香酮、茴香醛等。烹调中主要用于烧、卤菜式的制作，并作为配制复合调料的重要原料。烹饪中以利用它的芳香味为主，脱臭作用为次。小茴香既可单独使用，也可与其他香味调料配合使用，常常用于卤菜的制作，往往与花椒配合使用，能起到增香除异的功用，使用时应将小茴香及花椒用纱布包扎后放入菜肴中，成菜后拣出弃之。小茴香也是配制五香粉的原料之一。

（3）八角

八角为八角科八角属，主要分布在我国的广西、广东、贵州、云南等，是一种重要的辛香料。

八角在日常调味中可直接使用，如炖、煮、腌、卤、泡等，也可直接加工成五香调味粉。八角油和八角油树脂则通常用于肉类制品、调味品、软饮料、冷饮、糖果以及糕点、烘烤食品等食品加工业领域。"五香粉"是家庭必备的香料调味料，而八角是"五香粉"的主料之一。

（4）桂皮

桂皮为樟科樟属植物，是天竺桂、阴香、细叶香桂或川桂等树皮的通称。商品桂皮的原植物比较复杂，有十余种，均为樟科樟属植物。桂皮是五香粉的成分之一，也是最早被人类使用的香料之一。在《尔雅》和《神农本草经》中就曾提到桂皮，秦代以前，桂皮在中国就已作为肉类的调味品与生姜齐名。中国广东、福建、浙江、四川等地区均产桂皮。

烹饪中常将桂皮用于卤菜、烧菜等菜肴中，对原料中的不良气味有一定的抑制作用，桂皮是肉类烹调中不可缺少的调料，炖肉（五香肉）、烧鱼放点桂皮其味芳香，味美适口。而用于肉类产品、茶叶蛋、糕点、面包、馒头、饼干、馅饼等食品上，则可以增加制品风味，还可用于咖啡、红茶、泡菜等调香。

（5）丁香

丁香常称为丁子香，又名公丁香、雄丁香、鸡舌香，为桃金娘科常绿小乔木紫丁香的干燥花蕾。原产于印度尼西亚马鲁古群岛，现世界许多国家都有栽培。丁香散发着极强的芳香，有灼人的强烈刺激性味。使用部位主要为花蕾、未成熟果实，次用茎和叶。我国主要产区为广东和广西等亚热带地区，未开放的花蕾被称为公丁香，未成熟的果实被称为母丁香。通常在9月至次年3月间花蕾由青转红时采晒干燥为调味常用的丁香，它味辛，性温和，香气浓，带辣味感。丁香以香味浓郁、有光泽者为上品，干燥无油者为次品。

烹饪中常用于配制卤汤、制作卤菜，或用于菜肴的制作，如丁香鸡、玫瑰肉、荷叶粉蒸肉等，也作为配制复合调料的重要原料。因为丁香的香味十分浓郁，所以在使用时用量不宜过大。另外，在制作某些特殊风味的菜肴时也可用丁香，如制作醉蟹时，将每只螃蟹的脐盖揭开，放入一根丁香，在醉制的过程中，丁香不但可以使螃蟹内部透出香味，而且其所含丁香酚还有一定的杀菌功效。

（6）香叶

香叶又称月桂叶，为樟科月桂树属常绿小乔木月桂的树叶，原产于地中海地区沿岸和南欧一带。香叶的叶片革质，长椭圆形，边缘成波状，两面无毛。叶片具有丰富的油腺，揉碎后，散发出清香的香气。月桂的树皮也是甘甜、温和、芳香的调味香料，剥下晒干后呈细长且两边卷起的形态。叶及树皮所含精油的主要成分为桉叶素及芳樟醇、丁香酚和柠檬醛等。在烹饪中常用于肉类、鱼类的烹制，具有去腥、除异、增香的作用。

（7）芝麻及其制品

芝麻又称胡麻、脂麻、油麻等，分白芝麻和黑芝麻两种。原产地有说是印度，也有说是非洲南部，据传我国的芝麻是汉使张骞自大宛（古代中亚国名，大宛国大概在今费尔干纳盆地一带）引进，目前全国各地均有种植。

我国对芝麻的食用极为普遍，芝麻籽经烤或炒熟后，多用作装饰、调理各类糕点食品和糖果的原料，以增强食品的咀嚼性，具有一定的调香作用，增强人们的食欲。芝麻籽含油量高达50%左右，有特殊芳香，是高级食用芳香油，由于不含饱和脂肪酸，胆固醇含量低，备受人们欢迎。除直接作为高级食用香油外，在食品工业上，芝麻是被普遍使用的一种调香原料，经精制的芝麻酱和罐头食品更是不可多得的高级调味品。在欧美食品工业中，精制的芝麻油还用来做人造奶油、沙拉油和高级调理油。

①芝麻酱：又称麻酱，是选用上等芝麻，经筛选、水洗、焙炒、风净、磨酱等工序制作而成。成品色浅灰黄，质地细腻，富含脂肪、蛋白质和多种氨基酸，具有浓郁的芝麻油香味。在烹饪中用于凉拌菜肴、面条，或作为烙饼、花卷的馅料以及涮羊肉等的蘸料，也可用于菜肴的调味，如麻酱鲍鱼、麻酱海参等。

②麻油：又称香油，北方多称为芝麻油，是从芝麻中提炼出来的，具有特别的香味。按榨取方法一般分为压榨法、压滤法和水代法，小磨香油为传统工

艺水代法制作的麻油。优质麻油一般呈棕红色、橙黄或棕黄色，无混浊物质，可在一定程度上刺激食欲，促进体内营养成分的吸收。

（8）花生酱

花生酱以优质花生仁等为原料加工制成，成品为硬韧的泥状，有浓郁炒花生香味。花生酱的色泽为黄褐色，质地细腻，味美，一般用作拌面条、馒头、面包或凉拌菜等的调味品，也是作甜饼、甜包子等面点的馅心配料。

（9）孜然

孜然又名藏茴香、安息茴香，为伞形科草本植物安息茴香的种子。原产于埃及、埃塞俄比亚，我国主产于新疆南部地区。孜然的双悬果形似小茴香，黄绿色，具有浓烈的特殊香气。烹饪中常用于牛、羊肉菜式的去膻、除异、增香，如手抓饭、烩羊肉；现也多用于烧烤品中，如烤羊肉串、烤里脊等。孜然可整粒使用于炖、烧菜式中，但多碾成粉末状成菜后加入。

（10）姜黄

姜黄又称作宝鼎香、片姜黄、片子姜黄等，属姜科植物。姜黄叶互生，叶片呈长圆形。穗状花序，密集成圆柱状，花黄色。地下有块茎和纺锤状的肉质块根，外表有皱纹，质地硬，断面黄色。芳香和辛辣味类似胡椒，特征是呈橙黄色。原产于东亚、东南亚，我国福建、广东、广西栽培较多。

姜黄的根状茎由于含姜黄色素，而呈黄色；并因含主要成分为姜黄酮、姜黄醇和姜黄烯醇的挥发油而具有香气。可作为芳香调味料使用，也是制作咖喱粉的基本原料，还可用于蜜饯、果脯、腌菜、牛肉干等的上色。同属的郁金、阿马达姜黄和青灰姜黄等有相同的用处。姜黄有胡椒状香气，稍带苦味，主要是姜黄酮、姜黄素所呈现。

（11）紫苏

紫苏别名有苏子、家苏子、香苏子、赤苏子、皱紫苏、尖紫苏，为唇形科植物皱紫苏或紫苏的干燥成熟种子，有时也指紫苏全草或紫苏的叶。紫苏在我国的广东、广西、湖北、河北、江苏、浙江等地区均有生产，植株的叶片、梗干、种子均具有一种特殊的香气，味道辛辣，性温，可作蔬菜食用，也用于烹饪调香，更是一味重要的中药。

烹饪中常用的是紫苏的叶片，可将其干燥后长期保存并使用。一般以叶片厚实、色泽深紫、香气浓郁者为上品。将紫苏用于制作卤菜，起调香作用。使用时可单独调香，也可与其他香味调料配合调香。因紫苏的香气很浓郁，使用中以少量为宜，可将紫苏用纱布包扎后放入锅中，出锅前将纱布袋取出。储存时应放置于玻璃瓶中，并注意阴凉干燥。

（12）甘草

甘草是广泛分布于我国东北、西北地区和中亚、南欧一带的豆科多年生草本植物，甘草的根也称为甘草，一些国家把它作为既是药品又是食品的原料使用。

甘草又名甜草根、粉草，是我国民间传统的一种天然甜味剂，也是一种传统中药材，用途广泛，有"十方九草"之说。甘草味甜，气味芳香，烹饪中可代替砂糖作为甜味调味料使用，具有独特的风味和营养价值，代表菜品如甘草牛肉、甘草鸡柳等。

（13）高良姜

高良姜又称为良姜、佛手根、蛮姜等，为姜科山姜属多年生草本植物。高良姜原产于中国，现中国广东、海南、广西、台湾和云南有栽培，多生长于阳光充足的丘陵、缓坡、荒山坡、草丛、林缘及稀疏的树林中。

高良姜的根状茎外皮呈红棕色，味道辛辣而芳香，具有去腥、增加肉香的作用。在炖鱼时，只需加入1克高良姜，就能有效地去除鱼腥味，使鱼肉更加鲜美。高良姜不仅能去腥，还能提高菜肴的口感和层次感，使整道菜更加诱人；也可作为卤水的调味配料，或用于复合调味料的配制。

（14）九里香

九里香是芸香科九里香属植物，别名十里香、千里香，原产于亚洲热带和亚热带地区。我国福建、台湾、广东、广西、云南、四川、湖南、贵州等地已有栽培。印度，斯里兰卡，大洋洲，太平洋群岛以及美洲热带地区也有分布。九里香的鲜叶有芳香气味，印度、斯里兰卡居民用其叶作咖喱调料。

（15）荜拨

荜拨又称为鼠尾、补丫、椹圣等，为胡椒科多年生藤本植物荜拨的果实。原产于印度尼西亚、越南、菲律宾，我国云南、贵州、广西等地也有栽培。

荜拨的果为小浆果，聚生于穗状花序上，干燥后为细长的果穗。具有类似于胡椒的特殊香气，并有一定的辛辣味。其含胡椒碱、棕榈酸、四氢胡椒酸、芝麻素等呈香成分，在烹调中具有矫味、增香、除异的作用，多用于烧、烤、烩等成菜方式和制作卤汤。代表菜点如荜拨鱼头、荜拨鲫鱼羹、荜拨粥等。

（16）迷迭香

迷迭香为唇形科迷迭香属灌木植物，原产于地中海沿岸，现以法国、西班牙、突尼斯、摩洛哥和意大利为主要生产国。目前我国仅在各地花圃中偶有零星栽培，为近年新引入的芳香植物，有待栽培发展。

迷迭香具有清香凉爽气味和樟脑气味，并略带甘和苦味。在国外，迷迭香主要用于食品调味，通常在烧制羊肉、鸡鸭、肉汤或马铃薯等菜肴时，加点迷迭香粉或其叶片共煮，可提高食品风味和增加清香感。

3. 苦香类香辛料

苦味是一种基本味。在自然界中，苦味调味原料有很多，如陈皮、白豆蔻、草果、茶叶等。呈苦味物质主要为生物碱、苷类和肽类等。

（1）陈皮

陈皮别名橘皮、头红、广陈皮、柑皮、新会皮，为芸香科植物橘的干燥成熟果皮，主产于广东、福建、四川、浙江、湖南等地。花期为3月中旬，果期为12月下旬。

在烹调中加入陈皮可以使菜肴具有调和理气化痰的作用，如陈皮兔肉，即兔肉加陈皮和其他调料煮成，味香可口，营养丰富，适宜老年人、病后虚弱者食用。陈皮牛肉，即牛肉加陈皮和其他调料煮成，肉质酥香，尤适宜脾肾虚寒、身体瘦弱者食用，还有陈皮鸡等。陈皮也可切成丝状，糖浸后放入糕团中。陈皮经加工制成九制陈皮，味香可口，受人喜爱。

（2）白豆蔻

白豆蔻又称为豆蔻、壳蔻、白蔻仁、蔻米等，为姜科多年生常绿草本豆蔻的果实。我国广东、广西、云南、贵州等地都有分布。

白豆蔻的蒴果卵圆形，种子暗棕色。含有豆蔻素、丁香酚、松油醇等成分，芳香苦辛。可以用来去异味、增辛香，还可以用来配制各种酱汤供酱牛肉、卤猪肉、烧鸡之用，也是咖喱粉的原料之一。

（3）草蔻

草蔻也称为漏蔻、大草蔻、偶子、草蔻仁、飞雷子等，为姜科多年生草本植物草蔻的果实。产于我国云南、广东、广西。

草蔻的蒴果为球形，直径约3厘米，成熟时金黄色，具有芳香、苦辣的风味。常用来去除原料的异味，增加香味。多用于制作卤汤、作卤菜，如酱牛肉、卤猪肝、卤鸡翅、烧鸡、卤豆腐等。

（4）肉豆蔻

肉豆蔻又名肉果，为肉豆蔻科小乔木肉豆蔻的果实。原产于印度尼西亚马鲁古群岛，在热带地区广为栽培。

肉豆蔻的果实近球形，果皮带红色或黄色，成熟后裂为两半，露出深红色的假种皮称为肉豆蔻衣，其内有坚硬的种皮和种子。肉豆蔻衣和种子均具有略带甜苦味的浓烈的香气。香味来源比较复杂，主要有肉豆蔻醚等香气物质。烹饪和食品加工中作为调味香料运用于卤、烧、蒸等成菜方式中，常与其他香味调料如花椒、丁香、陈皮等配合使用。

（5）砂仁

砂仁又名缩砂仁、宿砂仁。原产缅甸、老挝，我国广东阳春市有产，故又名阳春砂仁，此外广西、云南等地也有栽培。姜科，多年生草本，地下根茎粗壮。茎直立，叶互生，披针形，色亮绿。花色白，花有苞片，穗状花序。蒴果长卵圆形，紫红色。种子多角形，黑褐色。收获果实后用火焙或日晒干燥，取种仁做香料，即为砂仁。

砂仁有特殊香气，并有浓烈的辛辣味，有增香、促进食欲、解腻、助消化等作用，烹饪中用于制卤菜、配卤汤以及炖、焖、烧等成菜方式。代表菜肴如砂仁肘子、砂仁蒸猪腰等。

（6）草果

草果又称草果仁、草果子，为姜科多年生丛生草本植物草果的果实。我国的云南、贵州、广西以及东南亚地区均有出产。草果有特异香气，味辛辣，微苦。

在我国南、北方的许多省份，群众均有用草果的果实作为炖牛肉、羊肉去膻味，烧猪肉加香，蒸鸡、鸭蛋调味的佐料，是著名的辛香料，能增强食欲。草果是烹饪中常用的一种香料调味料，多用于制作火锅汤料、卤汤、复制酱油等，也可用于烧菜及拌菜，如草果煲牛肉、果仁排骨等。此外，草果对兔肉的腥味具有很好的去除作用。在使用时可拍破后用纱布包裹，以利于香气外溢。

（7）山柰

山柰又称砂姜、山辣、山柰子等，为姜科多年生宿根草本植物山柰的干燥地下块状根茎。原产于印度，我国广东、广西、云南等地有栽培。山柰的根茎呈黄色。多切片晒制成干片后使用，味浓辣，具有独特的香气。香味成分主要为龙脑、桉油精、香豆精类等。选择时以身干、色白、片大、厚薄均匀、芳香者为佳。

山柰在烹调中多用于肉类的去腥除异增香，是制作卤汤、酱汤的重要调味料，成菜风味别致。但用量不宜过大，否则苦味明显。

（8）白芷

白芷又名香白芷。为伞形科植物，有兴安白芷、川白芷、杭白芷和云南牛防风等，多年生草本植物。白芷的根苦香浓烈，苦香成分主要为白芷醚、香柠檬内酯、挥发油、白芷毒素、白芷素等。烹饪中多用于肉类原料的去腥除异增香，常用于卤、酱类菜的香味配料，也可用于菜肴的烹制，如川芎白芷鱼头。

（9）月桂

月桂是樟科常绿乔木月桂树叶的干燥物，其枝和果实也有使用，有宜人的芳香。月桂又名桂叶、香桂叶、天竺桂。原产地中海沿岸及南欧诸国，如希腊、西班牙和葡萄牙，我国也有栽培。

月桂叶有清香或文雅的芳香，带有辛香和苦味，干叶浅黄带褐色，是食品加香调味剂，在食品工业和烹饪行业上不但能起增香矫味作用，而且因叶中含有柠檬烯等成分，具有杀菌和防腐的功效。国内外均有把月桂叶片直接用于肉类、汤类及其罐制品的加香矫味。在烹炖肉类食物中必加有月桂叶，一些肉制汤类、调味液腌浸品和糕点等，必加入月桂枝、叶的浸出液，以增加食物香味和矫正风味。

（10）茶叶

茶叶是以山茶科多年生常绿木本植物茶的鲜嫩叶芽加工干燥制成的日常冲泡饮品。由于生长环境及加工制作方法的不同，茶叶的品种繁多，名茶如西湖龙井、黄山毛峰、洞庭碧螺春、河南信阳毛尖、庐山云雾茶等。茶叶中含有茶多酚、生物碱和多种芳香成分，具有提神醒脑、利尿强心、生津止渴、醒酒解毒、降血压等作用。

因茶叶具有独特的清香苦味，在烹饪中可作为主料、配料成菜，如云雾大虾、花茶鸡柳、红茶焗肥鸡、碧螺春饺、新茶煎牛排、龙井氽鲍鱼等；作为调味料可直接用于菜肴、小吃的调味，如五香茶叶蛋；或用作熏料加工制作特色菜品，如四川的樟茶鸭、安徽的茶叶熏鸡等。

4. 酒香类香辛料

酒在人类的日常生活中既是饮品，又是烹调中常用的重要调味料。按生产工艺的特点，将酒分为蒸馏酒、发酵酒和配制酒三类；按酒度高低不同，可分为低度酒和高度酒两类。

酒中的主要成分是乙醇，此外还含有其他的高级醇、酯类、单双糖、氨基酸等多种成分，具有去腥除异、增香增色、助味渗透的作用。由于低度酒中的呈香成分多，酒精含量低，营养价值较高，所以常作为烹调用酒，如黄酒、葡萄酒、啤酒、醪糟等。高度酒多用于一些特殊菜式的制作，如茅台酒、五粮液、汾酒等。

（1）黄酒

黄酒又称料酒、老酒、绍酒，是以糯米和黍米为原料，加麦曲和酒药经发酵制得的一种低浓度压榨酒。黄酒为我国的特产酒类，已有数千年的历史，还具有增色的作用。黄酒运用于制作动物性原料菜肴时，使肉、内脏、鱼类等的组织中和鱼类身体表面的黏液里含有腥膻异味的物质在加热时被酒中的酒精溶解，并随气化的酒精一起挥发，这样就除去了腥味；黄酒中的氨基酸还能与糖结合成芳香醛，产生诱人的香气，如制作酒焖肉；在烹饪肉、禽、蛋等菜肴时，调入黄酒能渗透到食物组织内部，溶解微量的有机物质，从而使菜肴质地软嫩；黄酒中还含有多种维生素和微量元素，而且使菜肴的营养更加丰富。

（2）醪糟

醪糟又称酒酿、米酒、甜酒酿等，是以糯米为原料，经曲霉、根霉、酵母等发酵酿制而成的食品。成品色白汁浓、味甘醇香，营养丰富。既可直接食用，也是烹调中的调味佳品。常用于烧菜、甜羹或制作风味小吃，也可用于糟制菜品；醪糟还是腌制泡菜、酿造豆腐乳的增香原料。代表菜肴如醪糟蛋、醪糟鸡、醪糟粉子、醪糟豆腐羹、醪糟鸡蛋等。

5. 花香类香辛料

（1）蜜玫瑰

蜜玫瑰是将蔷薇科植物玫瑰的花朵用糖渍制而成的花香调味品，含有玫瑰油、丁香油酚、香茅醇等成分，有浓郁的芳香味。在烹饪中一般用作甜点、甜菜、小吃及糕点馅的增香赋甜料，如元宵馅、玫瑰八宝馅、冰粉、玫瑰甑糕等。

（2）桂花及桂花酱

桂花又称木樨花，可分为金桂、银桂、柴桂、四季桂、丹桂花等，它为木樨科植物的花。桂花树是常绿灌木或小乔木，树皮灰白色，单叶对生，花簇生于叶腋，花蕾簇生状，雌雄异株，具细弱花梗，花冠四裂，裂片长椭圆形，白色或黄色，芳香。我国大部分地区均有栽培。桂花香气清、浓兼具，香中带甜，幽远四溢，使人久闻不厌。

桂花常用作糕团点心类调味品，在糕团点心面上加糖桂花，或在豆沙中加入桂花，或在酒酿面上加入桂花以增加香味。桂花也可放入茶叶、饮料、糖果中，或加入酒中做桂花酒。

桂花酱是用鲜桂花、白砂糖和少许盐加工而成，广泛用于汤圆、麻饼、糕点、蜜饯、甜羹等糕饼和点心的辅助原料，也作为菜肴调味之用，色美味香。

一般人群均可食用桂花酱，但是糖尿病患者、体质偏热、火热内盛者慎食。

第二节　常见菜肴味型

菜肴的味型是指用几种调味品调和而成的、具有一定规格特征、相对稳定而约定俗成的菜肴风味类型。菜肴味型主要借助调味品的调和而实现，当然也有主、辅料的本味和火候运用等方面的辅助作用。

我国菜肴以味型丰富著称，达30余种。各种味型之间有差异，各有特色，这反映了我国菜肴调制的精妙细微。

一、咸鲜味型

咸鲜味型是以精盐、味精为主调味品，根据不同菜肴的风味酌加酱油、白糖、香油、姜、胡椒粉等，形成不同的格调。味型特点：咸鲜清香，突出鲜味，咸味适度。咸鲜味型重在突出食材本身的味道，原材料多以本味鲜美的食材为主。代表菜肴如白斩鸡、炒虾仁等。

二、香咸味型

香咸味型与咸鲜味型相似，但调香料如葱、椒等用量要适当增加。味型特点：以香为主，辅以咸鲜，醇厚浓郁。代表菜肴有香咸芝麻盐、香咸花生仁等。

三、椒麻味型

椒麻味型的用料有盐、花椒、葱、酱油、味精、麻油、冷鸡汤等。以优质花椒，加盐与葱叶一同碾碎。味型特点：椒麻为主，咸香鲜为辅。代表菜肴有椒麻鸡、椒麻鸭掌、椒麻心舌等。

四、椒盐味型

椒盐味型的用料是盐和花椒。先将花椒去梗去籽，然后与盐按1∶3混合，入锅炒至花椒壳呈焦黄色，冷却后碾成细末即成。味型特点：香麻咸鲜。主要适用于佐味以家禽、家畜、水产等动物性原料制作的菜肴，即所佐味的菜肴应是已有咸鲜味基础或菜肴本味鲜美，多以软炸、酥炸、清炸、锅贴、煎、烙等烹技法所成菜肴的辅助调味形式出现（如椒盐味碟），典型的用法是作为煎炸食物的蘸碟或撒在食物上。花椒最好是当天用当天烘烤碾磨，否则存放太久香麻味会挥发散失。代表菜肴如椒盐茄饼、椒盐里脊、椒盐鱼卷、椒盐桃仁等。

五、咸甜味型

咸甜味型的用料有盐、白糖、料酒，也可酌加姜、葱、花椒、冰糖、五香粉、醪糟汁、鸡油等变化其格调。各地的风味不同，咸甜两味比重也有差异。味型特点：以咸甜两味为主，鲜香味为辅，咸中有甜，甜中鲜香。常用于热菜，如京酱肉丝、酱爆鸡丁等。

六、糖醋味型

糖醋味型是以白糖和醋为主，也可辅以酱油、姜、葱、蒜等。一般分为三种：酸大于甜的"酸甜味型"；甜大于酸的"甜酸味型"；酸甜味基本对称，或称为酸甜适中的糖醋味型。味型特点：甜酸适口，回味咸鲜。代表菜肴有糖醋排骨、糖醋里脊等。

七、荔枝味型

荔枝味型是以盐、醋、白糖、酱油和味精为主，并酌加姜、葱、蒜，但用量不宜多，仅取其辛香气味。味型特点：酸甜似荔枝，突出甜、酸、咸、香，清淡而鲜美。代表菜肴有荔枝腰花、荔枝香爆牛肉等。

八、咸辣味型

咸辣味型的用料有盐、辣椒、味精及蒜、葱、姜等。味型特点：以咸辣两味为主，鲜香味为辅，咸中有辣、辣中香鲜。代表菜肴有干煸牛肉丝、干煸回锅肉等。

九、麻辣味型

麻辣味型的用料有辣椒（可选郫县豆瓣、干辣椒、红油辣椒、辣椒粉等）、花椒（可选粒、末、面等）、盐、味精、料酒、葱等。味型特点：以麻辣两味为主，咸鲜香味为辅，麻辣鲜香、醇厚浓郁。代表菜肴有麻辣牛肉、麻婆豆腐等。

十、家常味型

家常味型的用料有豆瓣酱、盐、酱油、味精、葱、姜、花生油等。味型特点：咸鲜微辣，回味略甜，咸辣清香。代表菜肴有回锅肉、家常海参、盐煎肉、豆瓣鱼等。

十一、鱼香味型

鱼香味型的用料有泡红辣椒、盐、酱油、白糖、醋、葱、姜、蒜等。味型特点：咸甜酸辣兼备，葱、姜、蒜香气浓郁。代表菜肴有鱼香八块鸡、鱼香肉丝、鱼香茄子、鱼香油菜头等。

十二、红油味型

红油味型是以特制红油加酱油、白糖、味精调制而成，有些地区还加醋、蒜泥或麻油。烹制红油应先用植物油将葱姜段炸出香味，离火适时倒入辣椒丝（或粉），如用干辣椒要先浸泡一下。味型特点：咸辣香鲜，回味略甜。其中辣味比麻辣味型轻，甜味比家常味型略重。红油味型融合了咸、鲜、辣、香诸味，回味略甜，多用于凉菜，代表菜肴有红油鸡块、红油耳丝等。

十三、酸辣味型

酸辣味型的用料有盐、醋、胡椒粉、味精和料酒，对于不同菜肴，其用料又有所变化。味型特点：以酸辣两味为主，鲜香味为辅，一般酸大于辣，浓郁鲜香。常见的菜肴有酸辣海参、酸辣脑花、酸辣凉粉、酸辣豆花、酸辣粉等。

十四、煳辣味型

煳辣味型是由川盐、干红辣椒、花椒、酱油、醋、白糖、姜、葱、蒜、味精、料酒调制而成。味型特点：香辣咸鲜，回味略甜。代表菜肴有煳辣腰花、煳辣大虾等。

十五、蒜泥味型

蒜泥味型是由蒜泥、盐（或酱油）、味精、麻油等调制而成，有时也酌加醋或辣油等。味型特点：蒜香显著，咸鲜微辣。代表菜肴有蒜泥黄瓜、蒜泥茄子等。

十六、姜汁味型

姜汁味型的用料有姜汁、盐、酱油、味精、醋、麻油等。味型特点：姜汁浓香，咸鲜微辣。姜汁味型既用于肉类凉菜和蔬菜，也适用于热菜。姜汁味也可以添加红油，行业中叫"姜汁搭红"。常见的菜肴有姜汁豇豆、姜汁肘子等。

十七、芥末味型

芥末味型是以芥末酱为主，辅以精盐、醋、酱油、味精、麻油等。味型特点：芥辣冲鼻，咸鲜酸香，解腥去腻。常见的菜肴有芥末鱼柳、芥末鸭掌、芥末春卷等。

十八、怪味味型

怪味味型是由精盐、酱油、红油、花椒粉、白糖、醋、芝麻酱、熟芝麻、麻油、味精等多种调料调制而成，有时还要加姜末、蒜末、葱花。味型特点：咸、甜、辣、酸、鲜诸味兼备，麻香气味并存。代表菜肴有怪味鸡片、怪味兔丁、怪味小龙虾、怪味蹄花、怪味胡豆、怪味花生等。

十九、香辣味型

香辣味型是由咸、香、辣、酸、甜等调味品加工制成，多用辣椒、咖喱粉、咖喱油、芥末糊等，代表菜肴有香辣蟹、香辣茄盒等。

二十、葱油味型

葱油味型的用料为生油、葱末、盐、味精。葱丝入油后炸香，即成葱油。葱含有具有刺激性气味的挥发油和辣素，能去除腥膻等油腻厚味菜肴中的异味，产生特殊香气，并有较强的杀菌作用，可以刺激消化液的分泌，增进食欲。代表菜肴有葱油黄瓜、葱油海蜇等。

二十一、咖喱味型

咖喱味型是中西式调味以及东南亚等地区均有使用的一种味型，在中国南方等地区运用较为广泛。主要应用于以家禽、家畜、禽蛋、水产、蔬菜等为原料的冷、热菜式菜肴。其口味特点主要体现为：咖喱香浓，鲜咸微辣。该味型中，"咖喱"味主要来源于各种咖喱酱、咖喱粉。如印度咖喱、泰国咖喱、中国香港咖喱、上海咖喱等。该味型的主要调味品是"咖喱"，一般可分为粉态咖喱和酱态咖喱两大类。粉状咖喱主要是采用辣椒、花椒、肉桂、大茴香、小茴香、八角、丁香、砂仁、蔻仁、草果、甘草、白芥子、芫荽、香茅、干葱、蒜蓉、胡椒、南姜、生姜、番红花、姜黄等二十多种香料所构成。酱状咖喱是以上述多种香料再加白糖、味精、白醋等多种调料，经加工磨碎，然后加花生油、精盐熬制而成。其中的各种成分，可根据加减变化而衍生出很多不同的咖喱品种。其配方和味型中的口味变化因产地而有所异。

二十二、酱香味型

酱香味型主要由风味调味品甜酱作风味基础，另辅以盐、白糖、味精、麻油复合而成，因不同菜肴风味的需要，可酌加酱油、姜、葱、胡椒、花椒等。特点是酱香浓郁，咸鲜带甜。应用范围多以禽肉、畜肉及其内脏、豆腐、根茎瓜果类蔬菜、干果等为原料，适宜烧、爆、炒、粘糖、炸、酱、腌等烹调技法成菜。代表菜肴有京酱肉丝、酱牛肉、酱鸭等。

二十三、甜香味型

甜香味型可用于各种形式的热菜、甜品。以白糖或冰糖为主要原料，也可以加入水果汁或蜜饯。特点是纯甜而香，多用于热菜。因不同菜肴的风味需要，可佐以适量的食用香精，并辅以蜜玫瑰等各种蜜饯，樱桃等水果及果汁，桃红等干果仁。其调制方法可用蜜汁，也可用糖蘸、冰糖汁、拌糖炒等。常见菜肴有八宝锅珍、冰糖银耳羹等。

二十四、糟香味型

糟香味型基于发酵酿制的醪糟汁的运用，是一种带有酒香味道的美味。烹制时要加盐、糖、麻油和其他调料，可以用于烹制肉类、家禽和笋类蔬菜等。代表菜肴有香糟鸡、糟排骨等。

二十五、五香味型

五香味型通过对几种香料的运用而获得，通常用五香粉。五香味型食物，包括各种禽畜肉品，也有鸡蛋、豆腐干一类，在用姜、葱、料酒与八角、桂皮和花椒等香料构成的味道浓郁丰富的汤汁中用文火慢煮，煮熟冷却即成。常见菜肴有五香熏鱼、五香卤鸭等。

二十六、茄汁味型

茄汁味型是酸甜味中一种特殊风味，即以番茄酱、川盐、糖、白醋、料酒、姜、葱、蒜调和成味汁，多用于热菜中的煎炸菜品，使其色泽红亮、茄汁味浓。代表菜肴有茄汁大虾、茄汁鱼条、茄汁里脊等。

二十七、豉椒味型

豉椒味型即以豆豉（包括四川水豆豉、红苕豆豉、烟熏豆豉、酿造豆豉）入肴调味，取豆豉的豆香、酱香和咸鲜味，辅以辣椒（鲜青椒、小米辣或泡辣椒、炝辣椒等），其风味呈现出鲜香酱辣的口感，通常多用于热菜，代表菜肴有豉椒鱼、水豆豉爆鸭舌、水豆豉拌花生仁等。

二十八、陈皮味型

陈皮味型是用干透的橘子皮赋予的一种特殊的橘香味型，但其风味依然以花椒和辣椒所有的麻辣味道为主，且回口微甜。陈皮不可使用过量，否则会带苦味。通常用于凉菜中的肉类和家禽。代表菜肴有陈皮牛肉、陈皮兔丁等。

二十九、烟香味型

烟香味型常用于熏制肉类、家禽等。四川最著名的是用茶叶烟熏鸭子；其他熏制材料还可用竹叶、松枝、谷糠、花生壳或锯末。代表菜肴有樟茶鸭、川味腊肉等。烟香味型的菜品，可以用辣椒粉或花椒粉作为蘸碟。

三十、麻酱味型

麻酱味型是一种用于凉菜的味型，其风味来自芝麻酱、麻油、少许盐和冷鸡汤，也可加适量酱油。用以凉拌动物内脏，也可用于凉拌一或两种不同的蔬果。代表菜肴有麻酱凤尾、麻酱黄瓜等。麻酱风味亦可以添加红油，也叫"搭红"。

三十一、泡椒味型

泡椒味型原本应归纳入川菜家常风味，近20年，泡椒泡菜等菜肴形成系列，风靡市场，形成一种独立风味味型。烹调中多用泡二荆条、泡子弹头、泡小米辣、泡野山椒等，代表菜肴有泡椒墨鱼仔、泡椒牛蛙、泡椒兔等。

三十二、孜然味型

孜然味型是中式调味中，在西北地区广泛使用的一种味型。其主要应用于以牛肉、羊肉等为原料的菜肴。其口味特点主要体现为：孜然香浓，咸鲜适口。该味型中，"孜然"味主要来源于形似小茴香的孜然籽，以及加工好的孜然粉。"咸鲜"味主要来源于盐、味精等。此味型在运用当中，除运用以上孜然味调味品和咸鲜味调味品外，由于不同菜肴的风味所需，还常酌情选用葱、姜、花椒、香叶等辅味调料。代表菜肴有孜然羊肉。

第三章　风味冷菜调味制作

 第一节　冷菜传统调味制作

一、盐味汁

原料

食盐5克，味精5克，鸡清汤50克，麻油10克。

制作

将各种调料拌匀即可。

特点

鲜咸得当，风味独特。

说明

适用拌食鸡肉、虾肉、蔬菜、豆类等，如盐味鸡脯、盐味虾、盐味蚕豆、盐味莴笋等。

二、酱油汁

原料

生抽50克，味精5克，鸡清汤50克，麻油10克。

制作

将各种调料拌匀即可。

特点

鲜咸得当，风味独特。

说明

用于拌食或蘸食肉类主料，如酱油鸡、酱油肉等。

三、酱醋汁（三合油汁）

原料

生抽50克，味精5克，米醋30克，鸡清汤30克，胡椒粉3克，麻油10克。

制作

将各种调料拌匀即可。

特点

鲜咸得当，风味独特。

说明

用于拌食或蘸食肉类主料，如白斩鸡、白水牛肉等。

四、姜味汁

原料

食盐5克，味精5克，生姜汁30克，麻油10克。

制作

各种用料调匀即成。

特点

姜汁味浓，鲜咸醇厚。

说明

主要用于各种冷菜肴的调制。如姜汁鸡块、姜汁藕、姜汁虾等。

五、姜醋汁

🥗原料

香醋100克，生姜50克，麻油10克。

👩‍🍳制作

将生姜切成末或丝，加醋调匀即成。

👀特点

酸香适口，姜味浓郁。

📋说明

适宜于拌食鱼虾，如姜末虾、姜末蟹、姜汁肴肉等。也有的加入白糖、料酒等。

六、蒜泥汁

🥗原料

味精5克，鸡清汤50克，鲜蒜蓉20克，美极鲜味汁20克，麻油10克。

👩‍🍳制作

各种用料调匀即成。

👀特点

蒜香浓郁，鲜咸醇厚。

📋说明

主要用于各种冷菜肴的调制。如蒜泥肘花、蒜泥豆角、蒜泥鸡蛋等。也可以用生抽调和。

七、青椒汁

🥗原料

青辣椒50克，味精5克，食盐5克，鸡清汤50克，麻油30克。

👩‍🍳制作

将青椒剁成蓉，加调料调和成汁。

辣味浓郁，鲜咸醇厚。

多用于拌食荤食原料，如椒味里脊、椒味鸡脯、椒味鱼条等。也可以用生抽调和。

八、青椒蒜泥汁

青椒蒜泥汁就是青椒汁和蒜泥汁的融合。

九、胡椒汁

白胡椒20克，味精5克，食盐5克，鸡清汤50克，麻油10克。

将各种调料调和成汁即可。

椒香味浓，鲜咸醇厚。

多用于炝、拌肉类和水产原料，如拌鱼丝、鲜辣鱿鱼等。也可以加入一些蒜泥拌制。

十、酸辣汁

白糖100克，米醋100克，味精10克，食盐15克，干辣椒30克，葱50克，生姜50克，麻油20克，鸡清汤50克。

将辣椒、姜、葱切丝炒透，加调料、鸡清汤烧开成汁。

特点

酸辣味浓，味道醇厚。

说明

多用于炝腌蔬菜，如酸辣白菜、酸辣黄瓜等。也可以用米醋和红油调制。

十一、三味汁

原料

蒜泥汁100克，姜味汁100克，青椒汁100克。

制作

将三汁调匀即可。

特点

辣味独特，味道醇厚。

说明

用以拌食荤素皆宜，如炝菜心、拌肚仁、三味鸡等，具有独特风味。

十二、麻辣汁

原料

酱油20克，米醋30克，白糖30克，食盐10克，味精10克，辣椒油100克，麻油30克，花椒粉30克，芝麻粉20克，葱末50克，蒜泥50克，姜末40克。

制作

将以上原料调和后即可。

特点

麻辣味浓，风味独特。

说明

用以拌食主料，荤素皆宜，如麻辣鸡条、麻辣黄瓜、麻辣毛肚、麻辣腰片等。

十三、红油汁

原料

食盐10克，味精10克，辣椒油50克，麻油10克，鸡清汤50克。

制作

将以上原料调和后即可。

特点

色泽红亮，风味独特。

说明

为红色咸辣味。用以拌食荤素原料，如红油鸡条、红油鸡、红油笋条、红油里脊等。

十四、蟹油汁

原料

色拉油100克，蟹黄100克，食盐10克，味精5克，姜末20克，料酒30克，鸡清汤100克。

制作

色拉油烧至三成热，加入蟹黄浸炸至蟹黄出油，即为蟹油，然后加入其他调料拌匀即可。

特点

咸鲜味浓，色泽鲜艳。

说明

多用以拌食荤料，如蟹油鱼片、蟹油鸡脯、蟹油鸭脯等。

十五、虾油汁

原料

色拉油50克，虾子30克，食盐10克，味精5克，料酒30克，鸡清汤100克。

色拉油烧制三成热，加入虾子浸炸，即为虾油，后加入其他调料拌匀即可。

特点

鲜咸得当，风味独特。

说明

用以拌食荤素菜皆可，如虾油冬笋、虾油鸡片等。

十六、蚝油汁

原料

蚝油50克，食盐2克，味精5克，麻油10克，鸡清汤30克。

制作

将各种调料拌匀，烧开凉凉即可。

特点

咸鲜得当，口味清爽。

说明

用以拌食荤料，如蚝油鸡、蚝油肉片等。

十七、韭味汁

原料

腌韭菜花50克，食盐2克，味精5克，麻油10克，鸡清汤50克。

制作

腌韭菜花剁成蓉，然后加调料调和，为绿色咸鲜味。

特点

韭香味浓，风味独特。

说明

拌食荤素菜肴皆宜，如韭味里脊、韭味鸡丝、韭菜口条等。

十八、椒麻汁

原料

生青花椒50克，大葱50克，食盐10克，味精5克，鸡清汤100克。

制作

将生青花椒、大葱一起制成细蓉，加调料调和均匀，为绿色或咸香味。

特点

葱香味浓，椒麻辛香。

说明

多用于拌食荤食，如椒麻鸡片、椒麻野鸡片、椒麻里脊片等。忌用熟花椒。

有些餐饮企业大量制作，加入许多香辛料，味道更加丰富。以下做法供参考：

原料

色拉油5000克，朝天椒1000克，大红袍花椒500克，青花椒200克，大葱1500克，生姜300克，香菜梗100克，党参50克，当归50克，草果5个，桂皮10克，香叶10克，陈皮10克，高汤1500克。

制作

将色拉油烧至五成热，依次加入大红袍花椒、朝天椒、青花椒，中火炒出香味。另将陈皮、大葱等香料放入至容器中，加入高汤及炸好的色拉油，大火烧开，小火慢煮两小时，使香料香味溢出后，静置三个小时，舀出下面的汤即为椒麻汁，上面的油即为椒麻油。

十九、麻酱汁

原料

芝麻酱50克，蒜泥30克，食盐5克，味精5克，麻油10克。

制作

将麻酱用麻油调稀，加精盐、味精调和均匀。

酱香味浓，香气扑鼻。

说明

拌食荤素原料均可，如麻酱拌豆角、麻汁黄瓜、麻汁海参等。也可将原料用调料拌好，浇上麻酱汁。

二十、葱油汁

原料

色拉油100克，食盐5克，味精5克，葱末100克，鸡清汤50克。

制作

色拉油烧热，加入葱末慢慢浸炸至葱末呈金黄色。捞出后，将葱油与各种调料调匀即可。

特点

葱香味浓，咸鲜适口。

说明

用以拌食禽、蔬、肉类原料，也可先将原料入味，直接浇入葱油。如葱油鸡、葱油萝卜丝等。

二十一、醉汁（酒味汁）

原料

白酒50克，香醋50克，食盐10克，生抽20克，白糖20克，生姜30克，蒜头20克，香菜20克，鸡清汤500克，麻油20克。

制作

先将生姜切末、蒜头剁蓉、香菜切末，与其他调料调匀即可。

特点

酒香味浓，咸鲜适口。

说明

主要用于各种冷菜肴的调制。如醉虾、醉鸡等。也有的地方加入腐乳、洋葱末、青红椒末等。醉制时将虾倒入，盖盖儿焖制3～5分钟。常用的有腐乳醉汁、蚝油醉汁、茄汁醉汁等。

二十二、糟油汁

🥗原料

香糟油50克，食盐5克，味精5克，葱椒末20克，鸡清汤50克。

🥄制作

各种调料调匀即可。

🍳特点

酒香味浓，咸鲜适口。

📋说明

主要用于各种冷菜肴的调制。以拌食禽、畜、水产类原料较多，如糟油凤爪、糟油鱼片、糟油虾等。

二十三、芥末汁

🥗原料

白糖15克，香醋50克，鸡清汤500克，芥末粉200克，花生油20克。

🥄制作

先将芥末粉等用鸡清汤调成糊状，用保鲜膜密封，上笼蒸10分钟，取出凉凉即可，淡黄色咸香味。

🍳特点

芥末味浓，辣而不燥、辣中带香。

📋说明

主要用于各种肉类及海鲜冷菜的调制。如芥末螺片、芥末苔菜等。

二十四、咖喱汁

原料

咖喱粉10克，食盐5克，味精5克，鸡清汤50克，葱蓉20克，蒜蓉20克，姜末20克，辣椒末20克，麻油20克。

制作

先将咖喱粉加适量水调成糊状，在麻油中加入葱蓉、姜末、蒜蓉及调好的咖喱糊炸成咖喱浆，加鸡清汤及剩余原料调成汁，呈黄色，咸香味。盛入碗中即成。

特点

咖喱味浓，味道醇厚。

说明

主要用于各种冷菜肴的调制。如咖喱鸡片、咖喱鱼条等。

二十五、五香汁

原料

五香粉50克，食盐50克，味精20克，鸡清汤500克，料酒50克。

制作

将各种调料放入锅中煮开，凉凉即可，或将原料放汤中煮制。

特点

五香味浓，味道醇厚。

说明

最适宜煮禽内脏类，如五香鸭肝、五香猪肚等。

二十六、酱汁

原料

甜面酱250克，白糖100克，味精20克，鸡清汤200克，麻油20克。

将甜面酱用油炒香，加入各种调料炒透出香，呈赭色，咸甜味。

（特点）

酱香味浓，咸甜适口。

（说明）

用来酱制菜肴，荤素均宜，如酱汁茄子、酱汁茭白、酱汁牛肉等。

二十七、糖醋汁

（原料）

白醋100克，白糖200克。

（制作）

将白醋和白糖放在一起调制成汁。

（特点）

酸甜味浓，清爽适口。

（说明）

用于拌制蔬菜，如糖醋萝卜、糖醋番茄等。各地做法不一，视其醋的品种决定其用量，有的醋浓度比较高，有的醋浓度比较低；在加热的情况下，醋的量多一些，容易挥发。也可以加入一点食盐。

也可选用米醋，调和成汁后，拌入主料中，也可以先将主料炸或煮熟后，再加入糖醋汁炸透，成为滚糖醋汁。多用于荤料，如糖醋排骨、糖醋鱼片等。还可将糖、醋调和入锅，加水烧开，冷却后再加入主料浸泡数小时后食用，多用于泡制蔬菜的叶、根、茎、果，如泡青椒、泡黄瓜、泡萝卜、泡姜芽等。

二十八、茄味汁

（原料）

番茄酱250克，白醋50克，白糖100克。

（制作）

将番茄酱用油炒透，加入白醋、白糖和适量水调匀即可。

特点

酸甜味浓，色泽红润。

说明

多用于拌熘荤菜，如茄汁鱼条、茄汁大虾、茄汁里脊、茄汁鸡片等。

二十九、山楂汁

原料

山楂糕250克，白醋10克，白糖50克，桂花酱5克。

制作

将山楂糕打烂成泥后加入其他调料调和成汁即可。

特点

酸甜味浓，色泽红润。

说明

多用于拌制蔬菜果类，如楂汁马蹄、楂味鲜菱、珊瑚藕等。

也可选用各种水果打成汁，如苹果、山楂、芒果、红毛丹等或果茶汁、酸枣汁等，可根据原料特点和食者口味增加糖或其他调料。可用单一品种水果汁，也可用多种水果汁制成。主要用于植物性原料，如橙汁瓜条、果酱藕片等。

三十、糖油汁

原料

白糖150克，麻油50克。

制作

将白糖和麻油调和成汁即可。

特点

香甜味浓，色泽明亮。

说明

调好后拌食蔬菜，为白色甜香味，如糖油黄瓜、糖油莴笋等。

三十一、桂花汁

原料

白糖150克，桂花酱50克。

制作

将白糖和桂花酱调和成汁即可。

特点

香甜味浓，花香浓郁。

说明

适用于果仁类，如桂花桃仁等。也可以用白糖与玫瑰酱调和，适用于各类甜品，如玫瑰豆沙卷等。

三十二、怪味汁

原料

芝麻酱25克，花生酱25克，白糖35克，香醋20克，红醋10克，美极鲜味汁35克，味精5克，鸡粉5克，葱花10克，蒜蓉10克，花椒粉10克，花椒油45克，麻油15克，红油50克，熟芝麻25克，熟花生碎15克，鸡清汤25克。

制作

清汤加入芝麻酱、花生酱、白糖、香醋、红醋，并用筷子朝一个方向搅匀，并依次下入其他调料搅匀即成。

特点

咸甜酸辣麻鲜香，七味并重而和谐。

说明

主要用于冷菜的调制。如怪味鸡、怪味鸭肝等。

三十三、青葱香辣味汁

原料

小青葱叶末35克，鲜红尖椒蓉25克，姜蓉10克，生抽10克，味精5克，香醋5克，麻油10克，鸡清汤50克。

📖制作

将调料入碗，加入原料，调匀即成。

🔖特点

葱香清爽，香浓微辣。

📋说明

主要用于冷菜的调制。如青葱香辣拌猪耳、青葱拌香干等。

三十四、烤椒味

🍲原料

青椒100克，生抽10克，味精5克，香醋5克，麻油10克。

📖制作

将青椒用火烤至表皮起虎皮色，洗净，剥去表皮，剁碎与调料入碗调匀即成。

🔖特点

椒香清爽，香浓微辣。

📋说明

主要用于冷菜的调制。如烤椒皮蛋、烤椒豆腐等。

三十五、泡菜味

🍲原料

泡椒100克，白醋50克，味精5克，白糖100克，泡椒汁500克。

📖制作

将青调料入容器调匀，原料浸泡入味即成。

🔖特点

咸鲜微辣，泡椒味浓。

📋说明

主要用于冷菜的调制。如泡椒凤爪、泡椒藕等。

三十六、茶熏味

原料

茶叶200克，白糖100克，果树锯末100克。

制作

将原料拌匀，放入锅底，小火烧至冒烟。锅中放入铁箅子，将待熏的食材放在箅子上，盖上锅盖，熏制2分钟即可。

特点

色泽红亮、烟熏味浓。

说明

主要用于一些特殊风味的冷菜制作。如熏鸡、熏猪头肉等。食材烟熏好后及时在表面刷上油，使表面明亮。

第二节 冷菜卤水调味制作

许多冷菜是通过卤水卤制后得到的，因此冷菜的口味与卤水有很大关系。卤水用途广泛，无论是各种肉类、鸡蛋或者豆腐，均可以用卤水卤成。卤水常用到的有南、北卤水，在餐饮界中常以红、白卤水来区分，称作酱货熟食，卤菜各有各的独特风味。卤水用料多为香料，如花椒、八角、丁香、芫荽、桂皮、陈皮、草果、良姜等，加上生姜、葱、酱油、盐、料酒、鲜汤，将以上调料加汤煮沸，再将主料加入煮浸到烂。用于煮制荤原料，如五香牛肉、五香扒鸡、五香口条等。各地口味不一，在卤水香料配制上也有区别。

一、一般卤水

方法1

原料

清水3000毫升，生抽3000毫升，花雕酒200毫升，冰糖300克，姜块100克，葱段200克，食用油200毫升，八角50克，桂皮100克，甘草100克，草果30克，丁香30克，山奈30克，陈皮30克，罗汉果1个，红曲米100克。

📝 **制作**

锅中热油，爆炒姜块和葱段，然后倒入煮沸并已混合的清水、生抽、绍兴花雕酒、冰糖的液体中，用慢火熬煮；其余配料须用汤料袋包裹，而红曲米则另外用汤料袋包裹，均在倒入炒好的姜葱时放入。

🍳 **特点**

咸鲜味浓、适应性强。

📋 **说明**

初次熬卤水时，应待卤水慢火细熬约30分钟后才可使用。

方法2

🍲 **原料**

清水5000毫升，桂皮50克，山奈50克，陈皮20克，甘草50克，香叶50克，八角30克，川椒（花椒）30克，花雕酒400毫升，玫瑰露酒500毫升，盐200克，味精100克。

📝 **制作**

首先将桂皮、山奈、陈皮、甘草、香叶、八角和川椒用汤料袋包好。然后放入已煮沸的清水中，待翻滚数分钟后，调入调味料和酒类便可使用。

🍳 **特点**

咸鲜味浓、适应性强。

📋 **说明**

适宜加工原料异味较淡的食品或白切类菜肴。

方法3

🍲 **原料**

川椒100克，八角150克，桂皮100克，丁香50克，红曲米50克，甘草50克，猪肥肉500克，老抽500克，生抽500克，鱼露500克，冰糖150克，精盐500克，南姜250克，青蒜250克，炸蒜头150克，香菜250克，料酒250克，清水12.5千克。

📝 **制作**

将川椒、八角、桂皮、丁香、红曲米、甘草装入一个汤料袋中；猪肥肉切片，炸出猪油后弃渣。取大不锈钢锅，倒入清水12.5千克，将老抽、生抽、鱼露、冰糖、精盐用旺火烧开后，放入猪油、南姜、青蒜、炸蒜头、香菜、料酒、汤料袋煮开20分钟，便成卤水。卤水存放时间越长越香。

🧑‍🍳特点

咸鲜味浓、适应性强。

📖说明

每天早、晚需各烧沸一次，汤料袋一般15天换一袋，每天还要根据用量的损耗，适当按比例加入生抽、鱼露、老抽、盐、糖、酒，每天卤制后，需将南姜、蒜头、青蒜、香菜捞起，清除泡沫杂质。不能有水混入，防止变质。

二、麻辣卤水

🍅原料

花椒15克，八角30克，丁香6克，桂皮30克，川芎15克，月桂叶5片，香叶15克，甘草12克，白豆蔻15克，草果20克，干姜片100克，肉豆蔻10克，砂仁20克，白芷10克，白砂糖30克，葱2根、姜30克，蒜头10克，干葱头30克，色拉油200克，鲜辣汁20克，辣椒酱10克，干辣椒节100克，香辣酱80克，豆瓣酱150克，花椒粉15克，辣椒粉10克，高汤1200克，老抽15克。

✍️制作

将所有香料装入汤料袋中，再用棉线捆紧，即为麻辣锅卤包。把葱、姜、蒜头及干葱头以刀背用力拍破后备用。炒锅烧热，加入色拉油小火炒香葱、姜、蒜头、干葱头至稍微变焦黄、发香时，再加入辣椒酱、香辣酱、豆瓣酱继续以小火不停翻炒至出现红油和香味时，加入花椒粉、辣椒粉、鲜辣汁中，再略翻炒几下后，加入高汤、老抽、白砂糖及麻辣锅卤包，先大火煮沸后再转小火煮约45分钟，至香味散发出来后，用漏勺将所有材料捞起，留下的卤汁即为麻辣卤汁。

🧑‍🍳特点

麻香清爽，五香浓郁，鲜咸醇厚。

📖说明

该卤水以20千克原料为宜，主要用于卤制各种动、植物原料，如麻辣卤水兔头等。

三、潮式卤水

丁香25克，草果10克，八角80克，桂皮25克，山柰20克，花椒15克，干姜120克，甘草80克，香菜茎20克，小茴香3克，陈皮8克，罗汉果1颗，香叶6克，冰糖50克，葱3根，姜60克，老抽20克，味极鲜酱油30克，蚝油50克，料酒100克，大蒜20克，鸡粉30克，精盐35克。

将香料装入汤料袋中，再用棉线捆紧，即为潮式卤水卤包。取一个汤锅，将葱及姜拍破后放入锅中，加入水后中火煮至水烧沸。将老抽、味极鲜酱油、蚝油及料酒放入锅中一起煮，煮沸后再加入冰糖、香菜茎、大蒜、盐及潮式卤水卤包，煮沸后再转小火煮约30分钟至香味散发出来即可。

香味浓郁，鲜咸醇厚。

该卤水以20千克原料为宜，主要用于卤制各种动、植物原料，如潮式卤水金钱肚等。

四、白卤水

香叶50克，草果10克，八角50克，山柰6克，陈皮15克，桂皮30克，山柰20克，肉豆蔻15克，白芷6克，丁香6克，花椒5克，小茴香12克，甘草15克，川芎6克，排草10克，灵草5克，砂仁25克，白豆蔻15克，干辣椒节30克，色拉油600克，猪油800克，干花椒5克，姜500克，精盐适量、香菜茎20克，葱8根、姜20克，淡色酱油200克，料酒600克，白砂糖30克，鸡精20克，冰糖150克，鲜汤适量。

将所有香料用油炒香后装入汤料袋中，再用棉线捆紧，即为白卤水卤包。取一个汤锅，用色拉油、猪油将干辣椒节炒香，将花椒、葱及姜拍松后放入锅中炒香后，加入水后旺火煮至水烧沸。将淡色酱油及料酒放入锅中一起煮，煮滚后再加入白砂糖、冰糖、香菜茎、盐及白卤水卤包，煮滚后再转小火煮约30分钟至香味散发出来，撇净浮沫即可。

⊛特点

香味浓郁，鲜咸清鲜。

☰说明

该卤水以20千克原料为宜，主要用于卤制各种动、植物原料，如白卤素鸡等。

五、红卤水

⊛原料

草果25克，八角100克，桂皮30克，山柰25克，丁香6克，砂仁50克，花椒5克，小茴香15克，甘草5克，白芷10克，肉豆蔻8克，香叶80克，山柰30克，老抽20克，葱50克，姜20克，生抽30克，鸡精20克，料酒150克，冰糖100克，精盐适量，鸡清汤适量。

⊛制作

将所有香料装入汤料袋中，再用棉线捆紧，即为红卤水卤包。取一个汤锅，将葱及姜拍松后放入锅中，加入鸡清汤后开中火煮至水烧开。将老抽、生抽及料酒放入锅中一起煮，煮滚后再加入冰糖及红卤水卤包，转小火煮滚约5分钟至香味散发出来再加入鸡精、精盐即可。

⊛特点

香味浓郁，汤红鲜咸。

☰说明

该卤水以20千克原料为宜，主要用于卤制各种动、植物原料，如卤猪手等。

六、黄卤水

⊛原料

黄栀子150克，香叶100克，山柰50克，花椒25克，良姜50克，砂仁25克，油炸蒜子150克，油炸鲜橘皮150克，芹菜150克，生姜150克，沙嗲酱500克，料酒1000克，熟菜籽油250克，油咖喱150克，味精200克，精盐230克，骨汤12千克。

制作

黄栀子用刀拍碎与香叶等香料装入汤料袋中，与其他原料放锅中煮至出香味即可。

特点

香味浓郁，汤黄鲜咸。

说明

该卤水以20千克原料为宜，主要用于卤制各种动、植物原料，如卤鸡等。

七、香辣卤水

原料

草果15克，八角100克，桂皮20克，砂姜30克，丁香8克，花椒150克，小茴香10克，罗汉果1颗，白芷15克，山奈20克，干辣椒节300克，粗辣椒粉50克，葱3根，姜20克，酱油300克，冰糖200克，料酒200克，糖色20克，精盐适量、鸡清汤适量。

制作

将所有香料用小火炒香，装入汤料袋中，再用棉线捆紧，即为香辣卤水卤包。取一个汤锅，将葱及姜拍松后放入锅中，加入鸡清汤后开中火煮至水烧开。将酱油及料酒放入锅中一起煮，煮沸后再加入冰糖、粗辣椒粉及香辣卤水卤包，转小火煮沸约5分钟至香味散发出来即可。

特点

香辣浓郁、鲜咸味醇。

说明

该卤水以20千克原料为宜，主要用于卤制各种动、植物原料，如香辣卤肥肠等。

八、葱香潮式卤水

原料

洋葱鹅油2500克，葱100克，八角75克，桂皮100克，甘草100克，草果25克，丁香25克，陈皮25克，花椒25克，香叶25克，小茴香25克，罗汉果一个，南姜500克，老姜25克，炸蒜头50克，菠萝皮25克，香菜头25克，芹菜头25克，白胡椒碎25克，老抽500克，生抽500克，粗盐50克，味精400克，鸡清汤15千克，冰糖2000克。

制作

将香料放入汤料袋后封口，放入汤桶中，加入鸡清汤及其他调料，下入洋葱鹅油和葱，在煲仔火上烧开，改用文火盖盖儿烧焖4小时左右，待汤汁剩10千克左右，关火用漏勺撇去香葱，凉凉即成。

特点

五香浓郁、鲜咸醇厚。

说明

主要用于卤制热菜在香料袋中，姜、蒜、菠萝皮、芹菜头、香菜头要每天更换，香料要一周左右更换一次。此卤水在制作卤味佳肴时，可连同部分卤水浇在切好码盘后的成品菜肴上。如葱香潮式卤水鹅片等。

九、葱油白卤水

原料

葱油25克，葱段15克，八角10克，桂皮10克，甘草10克，陈皮10克，草果10克，山柰10克，小茴香5克，白豆蔻5克，肉豆蔻5克，丁香2克，白芷2克，香叶2克，冰糖15克，精盐3克，胡椒粉0.5克，味精5克，鸡粉5克，鸡清汤500克，姜片10克，湿淀粉5克。

制作

将香料放入汤料袋后封好，放入汤锅，加入鸡清汤入笼蒸2小时，取出。锅烧热，下入葱油烧至五成热，下入葱段、姜片爆香，加入蒸好的卤汤，调入其他调料烧开，将汁收浓，以湿淀粉勾芡即成。

五香浓郁、鲜咸醇厚。

说明

主要用于各种原料的热菜烧制。如葱油白卤烧灵菇等。

十、豉油皇卤水

原料

鸡汤3000克，生抽6000克，老抽50克，冰糖500克，鸡油500克，姜200克，葱10克，料酒400毫升，比目鱼2000克，大料10克，桂皮10克，山奈10克，罗汉果10克，草果5克，丁香5克，甘草5克，陈皮5克。

制作

将香料放入汤料袋后封口。把姜、葱用鸡油爆香，放入生抽稍煮，再加入鸡汤，煮沸后，放入香料包和比目鱼，小火煮30分钟后，放入冰糖将其煮化，再放入料酒与老抽调色即可。

特点

鲜味浓郁，风味独特。

说明

鸡汤熬制方法为不加任何调料，用慢火将一只老母鸡（剁成块）用6000毫升水熬成3000毫升。另外，制作卤水时，比目鱼最好焙香后再用。

十一、广式卤水

原料

八角5克，小茴香3克，花椒1克，甘草2克，桂皮5克，香叶2克，罗汉果1克，草果1克，肉豆蔻2克，陈皮2克，生抽15克，老抽5克，盐适量，冰糖30克，五花肉200克，筒子骨一根，老鸡肉100克（整只更好）。

制作

将所有香料洗净后用开水烫过一遍，再用汤料袋装起，扎好袋口备用。锅中加入2500克左右水，放入老鸡肉，慢火煲2小时，将鸡肉捞出，撇去汤水表面的鸡油。将汤料包、调料、五花肉、筒子骨全部放入卤锅中，大火烧开后转小火熬2小时停火，盖好盖子静置1小时即可，放到第二天更好更入味更浓郁。捞出除香料包外的所有食材卤水即可使用。

⊗特点

鲜味浓郁，风味独特。

目说明

此卤水用途较广，可反复使用。

十二、黔味卤水

😀原料

姜250克，葱150克，山奈25克，桂皮30克，白芷30克，砂仁30克，八角30克，小茴香30克，香叶30克，花椒20克，干辣椒20克，肉豆蔻15克，丁香15克，香果15克，草果15克，甘草15克，白豆蔻10克，山楂10克，罗汉果2个、老母鸡2000克，猪筒骨2000克，五花肉2000克，猪龙骨1500克，冰糖300克，盐500克，鸡精250克，高度白酒350克，鱼露800克，生抽400克，菜籽油800克，姜块100克，葱100克，蒜100克，香菜100克，芹菜100克，洋葱100克。

🍲制作

炒锅中放菜籽油约300克，中火烧到50℃左右，放入桂皮、白芷、砂仁、八角、肉豆蔻、丁香、香果、草果、甘草、山楂、罗汉果、花椒、干辣椒、小茴香、香叶、白豆蔻一起煸炒至出香气，然后取出倒入汤料袋绑好口做成香料包A备用。

取菜籽油约100克倒入炒锅烧到五成热，将姜块、葱、蒜、香菜、芹菜、洋葱入锅爆香后捞出做成香料包B备用。将敲碎后的冰糖加入五成热的400克菜籽油中，开小火不停翻炒，熬成糖色。将所有肉骨类加入沸水中大火氽5分钟捞出备用。

大卤锅加水100斤大火烧开，加入所有肉骨和香料包A再烧开后改小火熬4~6小时，然后放入老姜、小葱、山奈、香料包B小火熬煮45分钟，加入盐、鸡精、高度白酒、鱼露、生抽和熬好的糖色调匀，再烧开10分钟后捞出除香料包A外的沉渣即可。

🗨️特点

色泽深红，味道香浓。

📋说明

色不够深可加入少量红曲粉。如卤鸡、鸭、牛肉、猪耳、猪尾等，但畜类内脏不要同鸡、鸭肉一起卤。

第三节　新型冷菜调味制作

一、洋葱剁椒酱

🥗原料

洋葱蓉25克，剁红辣椒30克，小米椒碎10克，姜蓉5克，鲜蒜蓉5克，红油20克，美极鲜味汁10克，味精5克，白糖5克，清汤25克。

🍳制作

将所有调料放入碗中，调匀即成。

🗨️特点

葱香清爽、香浓微辣。

📋说明

主要用于凉菜的调制。在调制中，还可加入鱼露10克，鲍鱼汁20克，熟芝麻10克。如洋葱剁椒拌魔芋、洋葱剁椒拌肚条等。

二、洋葱香辣汁

🥗原料

洋葱蓉15克，朝天椒蓉10克，味精3克，精盐3克，鸡清汤50克。

🍳制作

将原料放入碗中调匀即成。

第三章　风味冷菜调味制作　65

葱香清爽、干鲜微辣。

主要用于冷菜的调制。如洋葱水晶虾饼、洋葱香辣牛肉等。

三、干葱怪味汁

原料

干葱蓉15克，芝麻酱25克，花生酱25克，白糖35克，醋15克，红醋15克，美极鲜味汁35克，精盐5克，味精5克，鸡粉5克，鲜姜蓉5克，鲜蒜蓉15克，花椒粉10克，花椒油40克，辣椒油50克，麻油15克，熟黄豆粉20克，熟芝麻25克，熟花生碎15克。

制作

将芝麻酱、花生酱放入碗中，用筷子朝一个方向搅匀，并依次放入其他调料，调匀即成。

特点

葱香清爽。咸甜酸辣麻鲜香，七味并重而和谐。

说明

主要用于冷菜的调制。如干葱怪味鸡冠、干葱怪味鸭掌等。

四、蒜香葱椒油

原料

蒜头油250克，葱白200克，花椒50克，清油500克。

制作

将葱白、花椒一起入清油内浸炸至金黄色，将油过滤倒入调料罐中，再放入其他原料，调匀即成。

特点

蒜香浓郁、葱椒香醇。

主要用于冷菜的调制。如蒜香葱椒油拌黑百叶、蒜香葱椒油拌海蜇等。

五、芹香葱麻油

原料

芹菜末20克，芹菜叶碎5克，芹菜籽油5克，小青葱叶50克，麻油10克，清油30克，精盐3克，味精5克。

制作

将小青葱叶切末放入碗中，加入芹菜末拌匀，将清油烧至八成热，加入麻油、精盐、味精及其他原料，调匀即成。

特点

葱香浓郁、咸鲜味厚。

说明

主要用于各种冷菜的调制。如芹菜葱油拌羊肠、芹菜葱油拌牛筋等。

六、煳辣麻油汁

原料

干红辣椒50克，葱段10克，姜片10克，花生油250克。

制作

将干红辣椒剪成1厘米的节，放入调料罐。将锅中倒入花生油，烧至八成熟，下入葱段、姜片，炸至金黄捞出，待油温降至七成热时，倒入调料罐中，用竹筷将辣椒节与油搅匀使干辣椒炸成紫红色的煳辣椒壳，炸出煳辣香味，待煳辣油凉凉即成。

特点

荤香浓郁、香浓微辣。

说明

在实际运用中，常取用煳辣油，而不用煳辣椒壳，主要用于冷菜的调制。如肉香煳辣莲藕片、肉香煳辣黄喉等。

七、鲜味剁椒汁

原料

清水25克，味精5克，剁红辣椒碎30克，小米椒碎10克，姜蓉5克，蒜蓉5克，红油20克，美极鲜味汁10克，白糖5克，熟芝麻10克。

制作

将所有原料及调料一起调匀即成。

特点

香辣浓郁，鲜咸清爽，略带回甜。

说明

主要用于冷菜的调制。如鲜味剁椒拌鹅肠、鲜味剁椒拌牛肚等。

八、鲜香辣味汁

原料

蘑菇精5克，味精5克，清水50克，鲜红尖椒蓉25克，辣椒汁50克，姜蓉10克，葱蓉15克，美极鲜味汁10克，香醋5克，麻油10克。

制作

将所有原料及调料入盆调匀即成。

特点

香浓微辣，鲜咸清爽，略带回酸。

说明

主要用于冷菜的调制，如清鲜香辣黄喉、清鲜香辣黄瓜等。

九、清鲜鱼香味汁

原料

蘑菇精10克，高汤20克，味精5克，云南山椒蓉50克，香辣酱10克，葱花10克，蒜蓉5克，姜蓉2克，白糖20克，香醋10克，麻油5克。

制作

将所有调料放入碗中调匀即成。

特点

清香浓郁、咸甜酸辣。

说明

主要用于冷菜的调制，如清鲜鱼香罗汉笋、清鲜鱼香金针菇等。

十、蒜汁清鲜鱼香汁

原料

蒜汁25克，小米椒蓉50克，香辣酱10克，葱花5克，姜蓉2克，白糖20克，柠檬汁10克，味精5克，鸡粉5克，麻油5克。

制作

将所有原料放入碗中，调匀即成。

特点

蒜香清爽、咸甜酸辣。

说明

主要用于冷菜的调制，如蒜汁清鲜鱼香贝尖、蒜汁清鲜鱼香墨鱼丝等。

十一、蒜蓉鱼香味汁

原料

鲜蒜蓉25克，辣椒汁60克，姜汁5克，葱花5克，白糖25克，柠檬汁15克，美极鲜味汁5克，嗑汁10克，味精5克，鸡粉5克。

制作

将调料入碗，加入原料调匀即成。

特点

蒜香清爽、咸甜酸辣。

说明

主要用于冷菜的调制，如蒜蓉鱼香拌海蜇、蒜蓉鱼香拌鱼片。

十二、香蒜清鲜鱼香汁

原料

香蒜碎20克，腌青野山椒50克，鲜姜蓉5克，干葱蓉5克，白砂糖20克，白醋5克，美极鲜味汁10克，味精5克，鸡粉5克，麻油5克。

制作

将腌青野山椒剁碎入碗，放入原汁及其他调料，调匀即成。

特点

蒜香清爽、咸甜酸辣。

说明

主要用于冷菜的调制。在调制中，还可加入芹菜末5克，香菜末5克，鲜橘皮水15克，以提清香。如香蒜清鲜鱼香拌肉皮冻、香蒜清鲜鱼香拌肚丝等。

十三、蒜粉清鲜鱼香汁

原料

蒜蓉15克，鲜红尖椒蓉50克，OK汁20克，白糖10克，柠檬汁5克，麻油5克，味精5克，鸡粉5克，美极鲜味汁10克。

制作

将调料入碗，加入原料调匀即成。

特点

蒜香清爽、咸甜酸辣。

说明

主要用于冷菜的调制，如蒜粉清鲜鱼香鸡胗、蒜粉清鲜鱼香鱿鱼丝等。

十四、鲜花椒麻辣味汁

原料

鲜花椒蓉5克，芝麻酱20克，美极鲜味汁5克，白糖5克，味精5克，鸡粉5克，花椒粉5克，鸡清汤25克，花椒油5克，红油辣椒25克，麻油5克，熟芝麻5克。

✍制作

将芝麻酱入碗，加入鲜花椒蓉用筷子朝一个方向搅匀，并依次放入其他调料，搅匀即成。

🐵特点

麻辣香浓、鲜咸醇厚。

📖说明

主要用于冷菜的调制。在调制中，还可加入葱花5克，如鲜花椒麻辣拌鸭杂、鲜花椒麻辣牛舌等。

十五、花椒油麻辣清爽汁

🍲原料

花椒油10克，鲜青花椒蓉25克，鲜青尖椒蓉50克，洋葱蓉25克，蒜蓉10克，姜蓉5克，美极鲜味汁10克，味精5克，鸡粉5克，精盐3克，清汤50克，麻油5克。

✍制作

将调料放入碗中，调匀即成。

🐵特点

麻香浓郁、鲜咸爽口。

📖说明

主要用于冷菜的调制，如花椒油麻辣清爽拌鸭心、花椒油麻辣清爽拌牛肚等。

十六、花椒油麻辣味汁

🍲原料

花椒油10克，干花椒末25克，煳辣椒末35克，香葱蓉25克，生抽20克，味精5克，鸡粉5克，精盐2克，鸡清汤50克，麻油5克，白糖5克。

✍制作

将调料入碗，加入原料调匀即成。

特点

麻辣香浓，鲜咸醇厚。

说明

主要用于冷菜的调制。在调制中，还可加入红油辣椒10克，如花椒油麻辣拌鸭杂、花椒油麻辣拌猪耳等。

十七、麻香蚝油鲜味汁

原料

花椒油10克，蚝油30克，生抽15克，鲜贝露10克，鱼露3克，鸡粉3克，味精3克，白糖3克，清汤30克，麻油5克。

制作

将调料入碗，加入原料调匀即成。

特点

鲜香浓郁，味厚咸醇。

说明

主要用于冷菜的调制，在调制中，还可加入葱蓉5克，蒜蓉5克，姜蓉5克，香菜末5克，如麻香蚝油鲜味鸭胗、麻香蚝油鲜味口条等。

十八、麻香虾油鲜味汁

原料

花椒油10克，卤虾油50克，美极鲜味汁50克，味精5克，鸡粉5克，鸡清汤75克，麻油5克。

制作

将各种调料入碗调匀即成。

特点

麻味浓郁，味厚咸醇。

说明

主要用于各种冷菜的调制，如麻香虾油鲜味汁拌鞭笋、麻香虾油鲜味汁拌平菇等。

十九、花椒粉酱香味汁

原料

花椒粉5克，生抽25克，美极鲜味汁10克，味精5克，鸡粉3克，鸡清汤20克，白糖5克，麻油5克。

制作

将所有原料调匀即成。

特点

麻香浓郁，鲜咸醇厚。

说明

主要用于冷菜的调制。在调制中，还可加入鱼露5克，根据需要加入葱姜汁10克，如花椒粉酱香味汁拌猪肚丝、花椒粉酱香味汁拌牛肉等。

二十、花椒烧汁

原料

花椒水10克，味精3克，鸡粉3克，精盐2克，柠檬汁5克，鸡清汤50克。

制作

将花椒水入碗，下入其他原料调匀即成。

特点

麻香清爽，鲜咸微酸。

说明

主要用于冷菜的调制，如花椒拌澳带、花椒拌墨鱼丝等。

二十一、黑椒腊八醋酸辣汁

原料

黑胡椒粉5克，腊八醋4克，美极鲜味汁10克，味精5克，鸡粉5克，鸡清汤

25克，麻油10克，红油10克，青尖椒末5克，红尖椒末5克。

制作

将所有原料调匀即成。

特点

胡椒香浓，酸香微辣，咸鲜清爽。

说明

主要用于冷菜的调制，如黑椒粉腊八醋酸辣拌手撕鸭脖子、黑椒粉腊八醋酸辣拌凤爪等。

二十二、白胡碎酸辣泡菜汤

原料

白胡椒碎10克，野山椒100克，白醋20克，精盐10克，味精5克，花椒5克，八角5克，柠檬片5克，冷开水500克。

制作

将所有原料入坛，下入各种洗净的蔬菜等食材，封好坛口，待其自然发酵，成白胡碎酸辣泡菜汤，将食材捞出改刀入盘，淋入泡菜汤适量即成。

特点

酸香微辣，咸鲜清爽。

说明

主要用于各种脆性原料的腌制，如白胡碎酸辣泡水萝卜、白胡碎酸辣泡莴苣等。

二十三、白胡碎葱姜汁

原料

白胡椒10克，葱白50克，姜50克，味精5克，精盐3克，清水150克。

制作

将白胡椒碎、葱白、姜放入家用搅拌机，加入清水打成汁，倒入碗中，加入其他原料浸泡一个小时，将其用纱布过滤挤出胡椒葱姜汁，放入另外一个碗中即成。

（特点）

葱姜清爽，咸鲜微辣。

（说明）

主要用于冷菜的调制及荤类原料的腌制，如白胡碎葱姜拌牛耳片、白胡碎葱姜拌腰片等。

二十四、白胡碎葱姜油

（原料）

白胡椒碎15克，葱白节50克，干花椒20克，清油100克。

（制作）

将葱白节、干花椒一起入清油内浸炸至色褐黄，炸出葱椒香味，待油凉凉即成。

（特点）

胡椒香浓，葱椒香醇。

（说明）

主要用于冷菜的调制，如白胡碎葱椒拌茶树菇、白胡碎葱椒拌莴苣等。

二十五、黑椒葱姜汁

（原料）

黑椒汁30克，鲜姜蓉15克，葱花20克，精盐2克，味精5克，鸡粉3克，清油50克，鸡清汤50克。

（制作）

将鲜姜蓉与葱花入碗，浇入热清油烹香，放入其他原料调匀即成。

（特点）

胡椒香浓，咸鲜微辣。

（说明）

主要用于冷菜的调制，如黑椒葱姜蟹卷、黑椒葱姜扇贝等。

二十六、胡椒葱姜汁

原料

白胡椒粉3克，葱汁25克，姜汁25克，味精5克，鸡粉3克，精盐2克，柠檬汁5克，麻油10克，鸡清汤50克。

制作

将所有原料放入碗中调匀即成。

特点

胡椒香浓，咸鲜微辣。

说明

主要用于冷菜的调制，如胡椒葱姜猪脑花、胡椒葱姜炝猪肝等。

二十七、辣仔蚝油鲜味汁

原料

辣椒汁25克，蚝油30克，生抽15克，鲜贝露10克，海鲜素3克，鸡粉3克，味精2克，麻油5克，清汤30克，柠檬汁5克。

制作

将所有原料调匀即成。

特点

香浓微辣，鲜香浓郁。

说明

主要用于冷菜的调制，在调制过程中，还可加入海鲜酱20克，白糖10克，葱蓉5克，蒜蓉5克，姜蓉2克，香菜末5克。如辣仔蚝油鲜味拌墨鱼刺身、辣仔蚝油鲜味拌鱼片等。

二十八、桃仁清爽酸辣汁

原料

鲜核桃仁碎15克，核桃露25克，麻油5克，青野山椒蓉50克，白醋10克，精盐3克，味精5克，鸡粉5克，芹菜末10克，香菜末10克。

（🥣制作）

将所有原料放入碗中调匀即成。

（🍳特点）

酸香微辣，鲜咸爽口。

（📋说明）

主要用于冷菜的调制。在调制中，也可将部分核桃仁碎撒在拌好的成品菜肴表面，如桃仁清爽酸辣拌蘑菇、桃仁清爽酸辣拌鸡丝等。

二十九、松仁清爽酸辣汁

（🥗原料）

炸松子仁75克，鲜番茄蓉150克，红醋75克，红尖椒蓉50克，洋葱蓉50克，鲜蒜蓉10克，姜蓉10克，精盐5克，味精5克，白糖3克，鸡清汤50克。

（🥣制作）

将所有原料调匀即成。

（🍳特点）

酸香微辣，鲜咸爽口。

（📋说明）

主要用于冷菜的调制。在调制中，还可加入香菜末或芹菜末50克，如松仁清爽酸辣手撕鱼、松仁清爽酸辣菠菜等。

三十、千岛茄味甜酸酱

（🥗原料）

千岛酱50克，麻油2克，番茄沙司20克，白糖20克，白醋5克，柠檬汁3克，葱姜汁3克，精盐2克，味精3克。

（🥣制作）

将所有原料调匀即成。

甜酸清醇，鲜咸爽口。

🗐说明

主要用于冷菜的调制。在调制中，还可加入草莓酱15克，甜橙酱15克，奶油10克，芥末油3克，如千岛茄味甜酸拌鸡柳、千岛茄味甜酸拌鸡胗等。

三十一、香榧子仁川式芥末汁

🥗原料

油炸去皮香榧子仁碎25克，麻油15克，水发芥末糊175克，香醋50克，美极鲜味汁10克，精盐3克，味精5克，鸡清汤50克，清油25克。

✍制作

将所有原料拌匀，撒上部分炸去皮香榧子仁碎即成。

🦑特点

芥辣冲香，鲜咸适口。

🗐说明

主要用于冷菜的调制，如香榧子仁川式芥末拌猪耳、香榧子仁川式芥末拌牛肉等。

三十二、鸡鲜酱香味汁

🥗原料

鸡粉5克，鸡精5克，鸡清汤10克，生抽25克，麻油10克。

✍制作

将所有原料放入碗中拌匀即成。

🦑特点

酱汁香浓，鲜咸醇厚。

🗐说明

主要用于冷菜的调制，如鸡鲜酱汁拌兔丁、鸡鲜酱汁拌猪肝等。

三十三、花香糟油

原料

桂花酱5克，糟油500克。

制作

将原料调匀放入瓶中盖好盖子即成。

特点

花香馥郁，糟香浓郁，鲜咸回甜。

说明

主要用于冷、热菜肴的调制，如花香苏氏糟油拌肚丝、花香苏氏糟油拌螺片等。

三十四、茉莉葱麻油

原料

鲜茉莉花20克，花味香精20克，小青葱叶50克，麻油10克，清油30克，精盐3克，味精5克。

制作

将小青葱叶切末放入碗中，将清油烧至八成热，浇入碗中青葱叶末上，再加入麻油、精盐、味精、花味香精和鲜茉莉花15克调匀，最后撒上剩余的鲜茉莉花即成。

特点

花香馥郁，葱香味厚。

说明

主要用于各种冷菜的调制，如茉莉葱香虾球、茉莉葱香拌西蓝花等。

三十五、芝麻青葱味汁

原料

熟芝麻10克，麻油10克，小青葱50克，精盐3克，味精5克，高汤15克。

制作

将小青葱切末放入碗中，加入其他原料，一起拌匀即成。

特点

葱香清爽，咸鲜微辣。

说明

主要用于冷菜的调制，如芝麻青葱拌平菇、芝麻青葱拌猪耳等。

三十六、核桃蒜泥汁

原料

去皮核桃仁碎20克，麻油10克，鲜蒜蓉50克，白糖20克，香醋15克，精盐3克，味精5克，鸡清汤25克。

制作

将原料放入碗中，加入去皮核桃仁碎，将麻油烧热浇入拌匀即成。

特点

蒜香清爽，咸鲜微辣。

说明

主要用于冷菜的调制，在调制中还可加入美极鲜味汁15克，葱油10克，如核桃蒜泥拌猪耳丝、核桃蒜泥拌鸡蛋等。

三十七、沙拉鱼子酱

原料

沙拉酱50克（也可选择其他适合的原料），红鱼子酱25克，白葡萄酒10克，胡椒粉1克，味精3克，鸡粉3克，精盐2克，白糖2克，柠檬汁5克，小茴香末2克。

制作

将各种调料调匀即成。

特点

脂香醇厚，鲜香浓郁。

主要用于冷菜的调制，如沙拉鱼子酱拌珊瑚银耳、沙拉鱼子酱拌蘑菇等。

三十八、孜然粉酱香味汁

◎原料

孜然粉5克，生抽25克，美极鲜味汁10克，味精5克，鸡粉3克，鸡清汤20克，白糖5克，麻油5克。

✍制作

将调料入碗调匀即成。

◎特点

孜然香浓，咸酱醇厚。

□说明

主要用于冷菜的调制。在调制中，还可根据需要，加入葱姜汁10克，如孜然粉酱香拌田螺、孜然粉酱香拌羊肝等。

三十九、孜然香麻辣味汁

◎原料

孜然香精0.5克，红油20克，花椒油5克，麻油5克，葱花10克，精盐3克，味精5克，鸡粉3克，柠檬汁5克，清汤20克。

✍制作

将所有原料放入碗中调匀即成。

◎特点

孜然香浓，麻辣清香，鲜咸适口。

□说明

主要用于冷菜的调制，如孜然香麻辣拌凤爪、孜然香麻辣拌牛柳等。

四十、孜然籽麻辣清爽汁

原料

孜然粉5克，鲜青花椒蓉25克，鲜青尖椒蓉50克，洋葱蓉25克，蒜蓉10克，姜蓉5克，美极鲜味汁10克，味精5克，鸡粉5克，精盐3克，清汤50克，麻油5克。

制作

将孜然粉与洋葱蓉一起放入碗中，加入其他原料调匀即成。

特点

孜然香浓，麻辣清香，鲜咸适口。

说明

在调制中，还可加入十三香粉5克，白糖10克，蚝油5克，鲜味宝5克，如孜然籽麻辣清爽拌猪耳、孜然籽麻辣清爽拌牛肚等。

四十一、磨豉老虎酱

原料

香滑磨豉酱10克，甜面酱50克，味精5克，美极鲜味汁10克，麻油5克。

制作

将原料入碗调匀，分别盛入小味碟即成。

特点

豉香浓郁，酱香清爽，咸鲜味厚。

说明

主要用于冷菜，也可用于蘸食。在调制中，还可加入花生酱10克，海鲜酱10克，柱侯酱15克，白糖10克，陈皮末5克，鲜蒜蓉5克，蚝油5克，煳辣油15克，如磨豉老虎酱配大丰收、磨豉老虎酱金针菇等。

四十二、磨豉西式醋油少司

（菜）原料

香滑磨豉酱10克，马乃司少司50克，白醋50克，白糖25克，味精5克，精盐3克，清油100克，冷开水450克。

（勺）制作

将原料放入盆中，下入马乃司少司，加入白糖，用打蛋器朝一个方向搅匀，并依次下入其他调料搅匀上劲即成。

（头）特点

豉香浓郁，酸甜清爽。

（目）说明

主要用于冷菜的调制，可用于浇、拌各种冷菜鲜沙拉，或用于热菜蘸食。在调制中，也可以将熟蛋黄搓碎过罗成泥作为融合剂，再与其他原料进行调制。此外，在调制中，还可加入芥末酱20克，在调好后，可装入瓶内，入冷柜以5℃左右冷藏。如磨豉西式醋油少司拌蟹肉沙拉、磨豉西式醋油少司配软炸中虾等。

四十三、磨豉复制红酱油

（菜）原料

香滑磨豉酱5克，老抽15克，生抽50克，白酱油25克，美极鲜味汁10克，片糖15克，鸡粉5克，味精3克，葱5克，姜5克，八角5克，桂皮5克，小茴香5克，草果1个，香叶2片，清水50克。

（勺）制作

将香滑磨豉酱入碗，加入除味精和美极鲜味汁外的其他原料调料，入蒸笼蒸2小时，取出后将汁过滤入另一碗中，调入味精及美极鲜味汁即成。

（头）特点

豉味浓郁，咸甜并重。

（目）说明

主要用于冷菜的调制。在调制中，还可适量加入甘草、丁香，也可适量加清水，选用小火熬浓出香味，过滤后使用。如磨豉复制红酱油拌手撕鸡、磨豉复制红酱油拌猪肚等。

四十四、花椒水沙茶汁

原料

花椒水20克，沙茶酱150克，红油25克，麻油10克，油酥花生碎75克，美极鲜味汁25克，米醋15克，白糖10克，味精5克，鸡粉5克，精盐2克，鸡清汤50克。

制作

将各种调料入碗搅匀即成。

特点

麻香清爽，沙茶香浓，咸鲜微辣。

说明

主要用于冷菜的调制，在调制中，可将美极鲜味汁改用鲜贝露，如花椒水沙茶拌手撕鱼、花椒水沙茶拌蔬菜等。

四十五、花椒水火腿腊汁

原料

花椒水10克，金华火腿末50克，火腿汁50克，鸡清汤25克，鸡粉3克，味精3克，精盐2克，柠檬汁5克，麻油5克，美极鲜味汁10克。

制作

将金华火腿末入碗，加入花椒水、鸡清汤、火腿汁入蒸笼1小时至炖烂，取出凉凉，加入精盐、鸡粉、柠檬汁、味精、麻油及美极鲜味汁调匀即成。

特点

麻香清爽，咸醇适口。

说明

主要用于冷菜的调制，如花椒水火腿腊汁拌手撕鸡、花椒水火腿腊汁拌牛筋等。

四十六、花椒水孜然汁

原料

花椒水3克，孜然粉3克，味精3克，精盐2克，柠檬汁3克，麻油5克，鸡清汤40克。

制作

将花椒水、孜然粉放入碗中，加入其他调料调匀即成。

特点

麻香清爽，孜然香浓。

说明

可用于冷菜的调制，也可用于热菜，可加入清油、葱段、姜片、蒜蓉煸炒后，烹汁勾芡即成。如花椒孜然拌散丹、花椒孜然爆牛蛙等。

四十七、干葱清鲜鱼香汁

原料

干葱蓉15克，腌青野山椒50克，鲜姜蓉5克，鲜蒜蓉5克，白砂糖20克，白醋5克，美极鲜味汁10克，味精5克，鸡粉5克，麻油5克。

制作

将腌青野山椒剁蓉放入碗中，加入原汁及其他原料调匀即成。

特点

葱香清爽、咸甜酸辣。

说明

主要用于冷菜的调制，在调制中，还可加入芹菜末5克，香菜末5克，鲜橘皮水15克以加强清香味。如干葱清鲜鱼香拌蜗牛、干葱清鲜鱼香拌墨鱼丝等。

四十八、芝麻奶油结力蛋黄少司

原料

炒熟芝麻20克，花生酱西式奶油少司250克，胶冻汁250克，柠檬汁15克，鸡蛋黄15克。

将花生酱西式奶油少司（比一般浓度要稠）放入盆中，加入柠檬汁、胶冻汁及熟芝麻10克搅匀，盛入容器，撒上剩余的熟芝麻即成。

特点

乳香浓郁，风味独特。

说明

主要用于冷菜中，浇挂在成品菜肴上。如芝麻奶油结力蛋黄少司鹌鹑蛋托、芝麻奶油结力蛋黄少司蔬菜等。

第四章　风味热菜调味制作

 ## 第一节　风味热菜传统调味制作

一、咸鲜味

菜肴的咸鲜味调制方法很多，是菜肴中最基本的复合调味。

1. 本味咸鲜味

🍲原料

精盐4克，味精3克，鲜汤20克。

📝制作

将原料倒入碗中调匀即可。

🔍特点

口味咸鲜，清淡爽口。

📋说明

也可以选用姜、葱等辅助调味。如清汤鱼丸、清炖鸡、砂锅鱼头等。

2. 白汁咸鲜味

🍲原料

精盐6克，味精5克，胡椒粉3克，鲜汤300克，湿淀粉20克，食用油30克，姜片20克，葱段20克。

📝制作

油烧热，炸葱段、姜片出香，加入其他调料，放入原料烧制，勾芡即可。

汤汁浓白，咸鲜适口。

此味型可根据菜肴数量，酌情使用调味品计量。如白汁蹄筋、芙蓉鸡片、砂锅豆腐等。

3. 红汁咸鲜味

原料

酱油10克，精盐8克，胡椒粉5克，鲜汤500克，湿淀粉30克，食用油40克，葱段、姜片各20克。

制作

油烧热，将葱段、姜片炸出香味，加入其他调料，放入原料烧制，勾芡即可。

特点

汤汁红润，咸鲜适口。

说明

此味型可根据菜肴数量，酌情使用调味品计量。如红烧鱿鱼、红烧什锦等。

4. 葱香咸鲜味

原料

葱段50克，精盐10克，味精10克，鲜汤500克，色拉油50克。

制作

锅烧热，加入色拉油烧至五成热，加入葱段，炸至金黄色，葱香味透出，加入鲜汤和其他调味品调制。

特点

葱香味浓，咸鲜适口。

说明

也可以出锅时淋入葱油。此味型可根据菜肴数量，酌情使用调味品计量，如葱扒海参、葱油豆腐、葱烧蹄筋等。

5. 蒜蓉咸鲜味

原料

蒜蓉30克，精盐5克，味精5克，色拉油30克。

制作

油烧热，将蒜蓉炸香，烹制菜肴时，加入精盐和味精调味即可。

特点

蒜香浓郁，咸鲜适口。

说明

此味型可根据菜肴数量，酌情使用调味品计量，烧制的菜肴也可以事先炸制葱姜炝锅，如蒜蓉扇贝、蒜香生菜、蒜子鳝段等。

6. 海鲜咸鲜味

原料

鱼露10克，蚝油10克，胡椒粉5克，鲜汤20克，色拉油30克。

制作

炒制菜肴时，加入调料炒匀即可。

特点

色泽红润，咸鲜适口。

说明

此味型可根据菜肴数量，酌情使用调味品计量，也可以炸制20克蒜蓉，加入海鲜酱、蚝油略炒，如蚝油生菜、绿茶松茸等。

7. 蟹味咸鲜味

原料

蟹黄20克，精盐6克，鸡清汤300克，色拉油30克。

制作

温油炸制蟹黄出油，加入菜肴原料，再加入鸡清汤和精盐调味。

特点

蟹鲜味足，色泽明亮。

说明

炸制蟹黄时油温要低，不可炸制过老，如蟹黄鱼肚、炒蟹粉等。此味型可根据菜肴数量，酌情使用调味品计量。

8. 虾子咸鲜味

原料

虾子20克，精盐5克，鲜汤100克，料酒10克。

⚗制作

虾子加入料酒蒸透，烹制菜肴时，加入调味品调味，临出锅时加入虾子。

⊛特点

鲜香味美，咸鲜适口。

☰说明

此味型可根据菜肴数量，酌情使用调味品计量，如虾子茭白、虾子鱼肚等。

二、酸甜味

1. 糖醋味

⊛原料

精盐1克，酱油1克，米醋200克，白糖200克，湿淀粉30克。

⚗制作

将精盐、酱油、米醋、白糖放锅中小火熬至白糖化开，汤汁黏稠，视其黏稠度勾芡即可。

⊛特点

色泽棕黄，甜酸浓郁。

☰说明

糖醋味是在菜肴的烹调中应用较广的味型。一种方法为浇汁，适用于炸、熘的菜肴，如糖醋脆皮鱼、糖醋鲤鱼等菜肴。另一种方法为炸收，如糖醋排骨、糖醋里脊等。

2. 茄汁味

⊛原料

番茄酱200克，白醋50克，白糖100克，湿淀粉20克，色拉油30克。

⚗制作

将番茄酱用色拉油炒至出色，加入白醋、白糖、适量清水熬制，视其黏稠度勾芡。

⊛特点

色泽红润，酸甜适口。

茄汁味应用范围较为广泛，可根据口味酌情使用白醋和白糖。如茄汁大虾、茄汁鱼块等。

3. 果汁味

🍲原料

果汁200克，白醋50克，白糖100克，湿淀粉20克。

👐制作

将果汁、白醋、白糖放锅中烧开，视其黏稠度勾芡。

🔍特点

色泽明亮，果汁味浓。

📖说明

由于果汁浓度不一，可根据菜肴数量，酌情使用调味品计量，如果味鱼条、柠檬豆腐等。

三、咸甜味

🍲原料

精盐10克，白糖30克，味精10克，料酒10克。

👐制作

烹制菜肴时加入所有原料即可。

🔍特点

咸鲜带甜，风味独特。

📖说明

各地口味不一，可根据菜肴数量和个人口味，酌情使用调味品计量，也可加入酱油或糖色调色，菜肴烹制时也可以使用葱、姜等调味，如红烧肉、荷叶蒸肉等。

四、甜咸味

冰糖40克，糖色20克，精盐4克，鲜汤300克，料酒10克。

制作

烹制菜肴时加入所有原料即可。

特点

甜中带咸，色泽明亮。

说明

可根据菜肴数量和个人口味，酌情使用调味品计量，如冰糖煨肘、樱桃肉等。

五、甜香味

原料

白糖或冰糖200克，桂花酱10克，清水300克。

制作

将白糖或冰糖用清水烧化开，熬至黏稠，加入桂花酱即可。

特点

口味醇甜，香味浓郁。

说明

此味型适应口味众多，也可加入其他的调色调味原料（如蜜玫瑰、桂花、醪糟、蜂蜜、橘子、菠萝等），有芝麻甜香型、酒香（酒糟）甜香型、花香甜香型、果香甜香型等，如拔丝苹果、蜜汁银杏、八宝饭等。

六、鱼香味

原料

泡椒100克，花椒粉20克，红酱油30克，精盐20克，味精20克，白糖30克，料酒50克，姜末20克，蒜泥20克，葱花20克，麻油10克，色拉油30克，鸡清汤750克。

制作

锅中加入色拉油烧热，加入泡椒和葱花、姜末、蒜泥炸香出红油，加入其他调味品调匀即可。

特点

色泽红亮，咸鲜酸甜带辣。

说明

此味是川菜的特殊风味，具有咸、甜、酸、辣、香、鲜，且姜、葱、蒜味浓馥的特点，冷菜、热菜均可使用，是仿民间烹鱼的调料和方法而得名，如鱼香肉丝、鱼香肝尖、鱼香茄饼等。各地制作也有差异，创新型鱼香味也不断出现。

七、家常味

原料

豆瓣酱20克，甜面酱10克，酱油10克，白糖10克，米醋2克，料酒10克，味精5克，葱、姜、蒜末各20克，色拉油30克。

制作

锅中倒入色拉油烧至五成热，加入豆瓣酱、甜面酱炸至起香出色，加入葱、姜、蒜末炸香，烹制菜肴时，依次加入其他调料。

特点

色泽红亮，辣味适中。

说明

四川家常味风味较多，根据菜肴风味不同所选的调味品有所区别。有咸鲜带辣：如回锅肉、家常豆腐、豆瓣肘子等；咸酸带辣：如山椒碎米鸡，火爆田螺等；咸鲜微酸甜带辣：如辣子鸡丁、豆瓣鱼等；咸鲜微酸带辣：如小煎鸡、碎米鸡丁等。有的家常味使用豆瓣，也有的家常味不使用豆瓣。

八、荔枝味

泡辣椒20克，精盐3克，料酒20克，姜、蒜各10克，葱15克，酱油10克，胡椒粉2克，醋20克，白糖30克，味精5克，鸡清汤50克，色拉油50克。

制作

锅中倒入色拉油烧至五成热，加入泡辣椒炸至起香出色，加入葱、姜、蒜炸香，烹制菜肴时，依次加入其他调料。

特点

色泽棕黄，咸鲜酸甜。

说明

荔枝味的原料和调制方法，是突出酸中带微甜和咸味并重，在实际运用中，根据菜肴要求，酸甜味可轻可重。如宫保鸡丁、荔枝鱿鱼卷等。

九、麻辣味

原料

豆瓣酱10克，辣椒粉15克，酱油5克，花椒粉3克，精盐2克，白糖5克，味精5克，葱、姜、蒜各20克，料酒10克。

制作

锅中倒入色拉油烧至五成热，加入豆瓣酱、辣椒粉、葱、姜、蒜炸香，烹制菜肴时，依次加入其他调料。

特点

麻、辣、咸、鲜、香、烫。

说明

热菜中的麻辣味在川菜中运用非常广，针对不同的烹调方法和菜肴的风味特点在选用调味品上有所不同。适用于干煸、烧、煮等烹调方法。此味型延伸出很多的水煮麻辣菜品，在保证麻辣的基本原则情况下做出适宜的调整，如水煮鱼、毛血旺之类菜肴，基本的炒料都是以豆瓣酱、辣椒、花椒为主。也可以根据菜品需要选用：蒜苗、葱、姜、蒜、豆豉、孜然、香菜、芽菜、醪糟等。

如干煸牛肉丝、干煸鸡、水煮肉片等。

以下配方均可制作麻辣味。

（1）辣椒油15克，花椒油10克，酱油25克，料酒5克，白糖20克，骨味素2克，精盐2克。

（2）花椒粉20克，姜末10克，葱段20克，酱油10克，盐5克，料酒15克，白糖15克，味精5克，芝麻30克，干红椒粉75克，红油辣椒100克，麻油5克。

（3）郫县豆瓣酱25克，胡椒粉0.5克，花椒粉2克，精盐2克，酱油10克，料酒6克，糖6克，醋4克，味精2克，葱花4克，姜3克，蒜泥3克，麻油5克。

（4）郫县豆瓣酱25克，花椒2克，豆豉5克，料酒5克，酱油8克，精盐2克，葱花15克，辣椒粉1克，姜5克，蒜泥10克。

（5）花椒5克，姜10克，葱20克，蒜10克，酱油15克，精盐2克，料酒10克，醋5克，白糖5克，麻油8克，干辣椒15克，陈皮5克，味精2克，鸡精4克。

（6）红油辣椒20克，花椒粉4克，酱油15克，芝麻酱10克，味精1克，精盐6克。

（7）花椒5克，干辣椒10克，胡椒粉1克，姜末5克，葱花10克，酱油15克，精盐4克，料酒5克，味精2克，郫县豆瓣酱25克，清汤200克，鸡精4克。

（8）花椒粉15克，辣椒粉15克，五香粉4克，精盐3克，酱油15克，料酒15克，麻油5克，味精2克，白糖2克，葱、姜、蒜各10克。

（9）生花椒粉3克，精盐3克，酱油25克，料酒10克，白糖20克，葱段25克，姜片10克，麻油10克。

（10）花椒粉1克，精盐5克，骨味素2克，料酒25克，葱花5克，麻油5克。

十、酸辣味

🍲原料

精盐6克，味精5克，醋30克，鸡清汤500克，胡椒粉25克。

🥄制作

烹制菜肴时，加入所有调料即可。

🔍特点

酸辣味浓，刺激食欲。

酸辣味的酸味主要是醋，也有的使用酸汤；辣味主要来源于辣椒、胡椒、生姜等辣味原料，计量视具体菜肴而定。如酸辣蹄筋、酸辣虾羹汤、酸辣鱿鱼、酸菜鱼等。

十一、香辣味

🍲原料

精盐5克，味精5克，鸡清汤50克，干辣椒节30克，姜片30克，葱段30克，蒜片30克。

🥄制作

烹制菜肴时，将葱段、姜片、蒜片炸香，烹入其他调味品即可。

🔍特点

香辣味浓、刺激食欲。

📋说明

香辣味类似于家常味，但不具有家常味中的多重口味，以菜肴的香和辣为主要味，大量使用葱、姜、蒜，以体现其香味，也可以加入芝麻、花生碎提香。如香辣大虾、香辣鱼丁、香辣土豆条等。

十二、煳辣味

🍲原料

干辣椒节20克，干花椒5克，酱油5克，精盐5克，味精5克，白糖5克，醋20克，葱、姜、蒜末各10克。

🥄制作

烹制菜肴前，用葱、姜、蒜、干辣椒节、干花椒炝锅，烹制菜肴时，依次加入其他调味品即可。

🔍特点

辣而不燥，香味浓郁。

辣椒、花椒炸至棕红色，不能炸焦。计量视具体菜肴而定，如宫保鸡丁、辣炒土豆丝等。

十三、糟辣味

🍲原料

干辣椒节20克，酱油5克，精盐5克，味精5克，白砂糖5克，醋20克，葱、姜、蒜末各10克，酒糟汁30克。

👍制作

烹制菜肴时，将葱、姜、蒜、干辣椒节炸香，烹入其他调味品即可。

🐧特点

糟香味浓，风味独特。

📑说明

此味型须事先用酒糟腌制取汁使用。将辣椒等洗净，沥干水分，加入姜、蒜、精盐、味精等剁碎，用洗净消毒过的坛子，加入其他调料，腌制半个月即可。也可加入酱油、蚝油等一起腌制。计量视具体菜肴而定，如糟辣五花肉、糟辣鱼块、糟辣茄盒等。

十四、酱香味

🍲原料

甜面酱20克，蒜蓉10克，白砂糖10克，味精5克，鸡清汤30克，料酒10克，色拉油30克。

👍制作

锅中倒入色拉油烧至五成热，将蒜蓉、甜面酱炸香，加入鸡清汤、料酒，再加入味精、白砂糖调匀即可。

🐧特点

酱香味浓，咸甜适口。

此味型热菜、冷菜均可使用。甜面酱要选用质量较好者。用量视具体菜肴而定，如京酱肉丝、酱爆鸡丁、酱汁豆腐等。

十五、咖喱味

原料

咖喱粉30克，精盐10克，白糖20克，味精10克，鸡清汤500克，料酒20克，葱、姜、蒜末各10克，色拉油40克。

制作

锅中倒入色拉油烧至五成热，将葱、姜、蒜、咖喱粉炸香出色，加入鸡清汤及其他调料即可。

特点

咖喱味浓，色泽鲜艳。

说明

此味型热菜、冷菜均可使用，可用咖喱粉，也可用咖喱油或咖喱膏。计量视具体菜肴而定，如咖喱牛肉、咖喱鸡等。

十六、陈皮味

原料

干陈皮40克，干辣椒20克，花椒5克，精盐10克，料酒20克，酱油30克，白糖20克，味精10克，葱、姜、蒜末各15克，鸡清汤400克，色拉油50克。

制作

将干陈皮用水泡软切末，干辣椒切末；锅内放入色拉油烧热，投入干辣椒，炒出辣味，再下葱、姜、蒜炒匀，加入鸡清汤及其他调料即可。

特点

色泽金红或棕红，咸鲜带甜，突出陈皮的芳香，也具有香辣麻的味感。

说明

此味型热菜、冷菜均可使用。冷菜一般用于炸收，热菜一般用于干煸菜肴，用量视具体菜肴而定，用于滑炒、粉蒸可以不选用干辣椒、花椒。如陈皮鸡、陈皮牛肉、橘子蒸肉等。

十七、椒盐味

原料

精盐5克，花椒粉10克，味精5克。

制作

将精盐炒熟与花椒粉、味精拌匀即可。

特点

咸鲜香麻，风味独特。

说明

要选用质量好的花椒粉，掌握好精盐、味精、花椒粉的比例。精盐需炒香加味精、花椒粉调和均匀。市场现有配制好的椒盐，也可直接使用。如椒盐里脊、椒盐排骨、椒盐豆腐等。可以加少量的辣椒粉、孜然粉增加风味。

十八、孜然味

原料

精盐5克，孜然粉10克，味精5克。

制作

将精盐炒熟与孜然粉、味精拌匀即可。

特点

咸鲜香麻，孜然味浓。

说明

要选用质量好的孜然粉，掌握好精盐、味精、孜然粉的比例。多与辣椒粉配合使用，具有孜然味型的香辣味。如羊肉串、孜然排骨、孜然面筋等。

十九、酒香味

原料

酒（白酒、啤酒、葡萄酒、料酒，用量视具体品种而定。浓度高，用量小；浓度低，用量大），精盐10克，味精20克，白糖10克，葱、姜、蒜末各20克，鸡清汤300克，色拉油50克。

制作

锅中倒入色拉油烧至五成热，将葱、姜、蒜炸香，加入鸡清汤及其他调料即可。

特点

酒香味浓、风味独特。

说明

一般在烹调菜肴时加入所需的酒味调料。酒的选用主要有醪糟、料酒、啤酒、葡萄酒、曲酒、白兰地、威士忌等。酒香味的基本调味适应于咸、甜、酸、辣等基本味型。如酒酿元宵、贵妃鸡、太白鸡、啤酒鸭等。

二十、姜汁味

原料

去皮老姜30克，精盐8克，味精7克，白糖10克，酱油5克，醋10克，鸡清汤30克。

制作

将老姜打成姜汁，烹制热菜时，依次加入其他调料即可。

特点

姜汁味浓，咸鲜可口，略带醋酸。

说明

老姜打成姜汁时，要搅打均匀细腻，姜味才能浓郁。也可使用姜米或姜末。此味型也适用于冷菜。如姜汁肘子、姜汁鱼块等。

二十一、烟熏味

原料

柏树锯末100克,茶叶50克,红糖30克,麻油10克。

制作

将柏树锯末、茶叶、红糖放锅中,上放一算子,将烹制成熟入味的菜肴放算子上,将锅烧热,烟熏3分钟,中间将菜肴翻身一次,刷上麻油即可。

特点

色泽棕红,咸鲜可口,烟熏味浓郁。

说明

烟熏时,菜肴已赋予基本味型,烟熏时间不宜过长。烟熏料也可选用樟树锯末加入花生壳等,也可适用于冷菜。如樟茶鸭子、米熏乳鸽等。

二十二、五香味

原料

五香料(粉)20克,精盐10克,味精10克,白糖10克,酱油10克,醋5克,料酒10克,鸡清汤300克。

制作

烹制菜肴时,将所有调料加入即可。

特点

色泽棕红,五香味浓。

说明

此味型也可适用于冷菜。用量视具体菜肴而定,如五香粉蒸肉、五香羊肉等。

二十三、葱椒味

原料

大葱(带葱叶)50克,花椒30克,酱油30克,精盐3克,味精10克,白糖

10克，料酒10克，鸡清汤50克。

📖制作

将花椒用酱油泡透与大葱一起剁成葱椒泥，加入其他调料调制均匀即可。烹调时，可将葱椒泥浇在原料上。

🔍特点

葱椒味浓，咸鲜可口。

📋说明

此味型也可适用于冷菜。如葱椒泥扣肉、葱椒粉蒸肉等。

二十四、酸汤味

🍲原料

酸汤（发酵制作或泡菜汁）100克，精盐3克，酱油10克，味精10克，白糖10克，料酒20克，鸡清汤300克。

📖制作

烹制菜肴时，将所有调料加入即可。

🔍特点

酸汤味浓，咸鲜可口。

📋说明

此味型以酸汤为底料调味品，可辣也可不辣，适应范围较广。如酸汤牛肉、酸汤肥肠等。

二十五、剁椒味

🍲原料

剁椒酱200克，味精10克，白糖20克，料酒20克。

📖制作

将所有调料放容器中拌匀即可。烹调时浇在原料上。

🔍特点

辣味浓，咸鲜可口。

制作菜肴时，注意剁椒酱的使用量。如剁椒鱼头、剁椒肥肠等。

二十六、蛋黄味

原料

咸鸭蛋黄2个，色拉油40克。

制作

将咸鸭蛋黄蒸熟碾成细末，放五成热油温中炒制，加入主料炒制即可。

特点

色泽金黄，咸鲜可口。

说明

蛋黄炒制时，要碾碎均匀。如蛋黄焗蚕豆、蛋黄焗大虾等。

第二节　风味热菜新式调味制作

一、黑椒海鲜味

原料

海鲜酱、柱侯酱、五年花雕酒各500克，黑椒粉750克，普宁豆酱500克，牛油400克，蒜蓉100克，姜粒、新鲜红椒粒各150克，圆葱粒200克，陈皮粒25克，高汤1500克，白糖50克，鸡精30克，淀粉20克。

制作

锅内放入牛油，小火熬化后放入蒜蓉、姜粒、新鲜红椒粒、圆葱粒、陈皮粒，中火煸炒至原料色泽金黄，放入剩余的原料（淀粉除外），小火熬至香味浓郁，用淀粉勾芡，出锅即可。

特点

色泽金黄，香味浓郁。

说明

主要用来烹调牛肉、鸡柳等，如黑椒牛肉、黑椒鸡柳等。

二、豉皇油味

原料

蔬菜汁2500克，茄汁750克，番茄沙司750克，噇汁200克，OK汁500克，精盐100克，冰糖1000克，波特酒150克，牛尾汤660克，酱油150克。

制作

蔬菜汁加茄汁、番茄沙司、OK汁、精盐、冰糖、牛尾汤、酱油大火烧开改小火熬25分钟左右，加噇汁、波特酒调匀即可。

特点

色泽红亮，酸甜适中，酒香浓郁。

说明

此味型可用于香煎、烧烤类菜肴，如中式煎牛排、烤河鳗等。

蔬菜汁制作方法：将洋葱300克，西芹300克，香芹300克，红椒50克，八角5克，草果5克，胡萝卜300克放在3千克清水中，大火烧开改小火熬至剩2.5千克左右，去渣即可。

三、松腐奇味

原料

松花蛋1个，臭豆腐1块，豆腐乳1块，腐乳汁20克，榨菜10克，熟芝麻5克，红油10克，香菜5克，白糖5克，青尖椒30克，生姜3克，麻油5克，味精2克，精盐4克，鲜汤适量。

制作

松花蛋剥去泥壳洗净，切成小丁；臭豆腐、豆腐乳压成泥；榨菜、青尖椒、香菜、生姜分别切成米粒状，一同放入一大碗内，加入精盐、味精、白糖、熟芝麻、腐乳汁、红油、麻油、鲜汤等调匀，即成奇味汁。

咸鲜微辣，甜香可口。

此味型可用于炸制、烧烤类菜肴，如奇味大虾、奇味牛柳等。

四、川汁酱味

◎原料

辣椒酱500克，番茄酱250克，红泡辣椒末200克，白糖200克，OK汁120克，唥汁100克，花生酱75克，鲜汤40克，葱末100克，蒜蓉50克，鸡精10克。

◎制作

将花生酱用鲜汤、唥汁调开调匀，再加入所有调料一起搅拌均匀即可。

◎特点

色泽红润，风味浓郁。

目说明

此味型多用于动物性原料，如川汁酱猪手煲、川汁酱大骨等。

五、新豉汁酱味

◎原料

干姜豆豉500克，香辣酱200克，红油豆豉300克，卤牛肉150克，酱油15克，蒜蓉100克，葱、姜末各10克，青红椒末各50克，白糖35克，蚝油50克，鸡精、味精各5克，色拉油适量。

◎制作

将卤牛肉切成末，锅放火上，下油，用小火煸炒牛肉末出香味，加入蒜蓉、葱、姜末炒香，然后加入各种调料，用小火炒匀，入笼蒸1小时，取出，然后再撒入青红椒末，浇上少许热油即成。

◎特点

咸鲜醇和，略带微辣。

此法独特，适应性较广，如新豉酱牛蛙、新豉酱牛肉丁等。

六、川式XO酱味

鲜红辣椒100克，干辣椒15克，辣椒粉10克，咸鱼干50克，火腿50克，瑶柱丝20克，肉末100克，葱、蒜蓉各75克，冰糖25克，鸡精10克，色拉油300克。

将鲜红辣椒洗净切细丝；干辣椒切丝；咸鱼干切成末；火腿切成丝；锅下油烧至四成热，先下葱、蒜蓉炒香，再将其余原料下入炒匀即可。

咸鲜带辣，风格独特。

此味型适应性较广，如川式XO酱肉丸、酱味虾球等。

七、豉香味

豆豉末300克，蒜泥110克，姜末90克，汤水1200克，老抽150克，白砂糖75克，鸡精8克，味精4克，黑胡椒粉4克，洋葱油20克，香菜末200克，湿淀粉25克，花生油50克。

将花生油入锅烧热，下入豆豉末、蒜泥炒香，再加入汤水和姜末炒匀，然后加入老抽、白砂糖、鸡精、味精、黑胡椒粉烧开，勾芡，再撒入香菜末，淋入洋葱油即可。

鲜香味浓，风格独特。

此味型适应性较广，如豉香鸡、豉香大虾等。

洋葱油是将500克洋葱切碎，加入1000克油中，用小火加热40分钟即成。

八、西汁味

原料

鲜番茄片2500克，洋葱片500克，胡萝卜块500克，芹菜段500克，香菜段250克，葱条25克，生姜（拍破）、蒜蓉各25克，花生油50克，猪骨块1500克，精盐100克，味精200克，白糖160克，番茄汁1250克，喼汁300克，苹果汁300克，食用红色素少许，清水15千克。

制作

将花生油放入锅中烧热，投入鲜番茄片、洋葱片、胡萝卜块、芹菜段、香菜段、葱条、姜块、蒜蓉，煸炒出香味，再转入瓦盆中，加入猪骨块、清水烧开，用小火煨1小时，端离火口，凉后过滤出原汤汁，再加入精盐、味精、白糖、番茄汁、喼汁、苹果汁及食用色素等调和均匀即成。

特点

咸甜适中，色泽红润。

说明

此味型适应性较广，如西汁焗乳鸽、西汁羊排等。

九、新型咖喱酱味

原料

咖喱粉400克，洋葱150克，蒜瓣150克，老姜75克，番茄250克，花生酱200克，奶粉50克，精盐50克，鸡精10克，精炼油150克，麻油75克，清汤3500克。

制作

先将咖喱粉过筛，去渣；洋葱、蒜瓣、老姜分别洗净切成末；番茄洗净切成块。锅下入精炼油烧至五成热，下入洋葱末、蒜瓣末、老姜末炒香，再加入咖喱粉炒匀出香味，然后加入番茄炒匀，加入清汤、奶粉、花生酱、精盐、鸡精，烧开后改用小火熬2小时，炒匀成酱，起锅装入盆中，淋入麻油即可。

咖喱味浓，香气浓郁。

此味型适合于肉类，如咖喱鸡块、咖喱牛肉等。

十、泡椒牛肉酱味

🍲原料

泡辣椒750克，五香牛肉500克，辣椒酱200克，豆瓣酱100克，大头菜150克，葱花75克，熟花生米碎100克，熟芝麻75克，腰果50克，开心果仁40克，鸡精、白糖各4克，麻油5克，蚝油10克，精炼油100克，浓牛肉汤750克。

🥣制作

将泡辣椒去蒂及籽剁成蓉，五香牛肉切成小颗粒，入热油锅中炸酥捞起待用；辣椒酱、豆瓣酱剁成蓉，大头菜切成小颗粒；腰果、开心果仁分别捣成碎末。锅下油烧至五成热，下入泡辣椒蓉、辣椒酱、豆瓣酱、大头菜粒炒香炒匀，再调入鸡精、白糖、蚝油、麻油，加入葱花，搅拌均匀后，再加入五香牛肉粒、熟花生米碎、熟芝麻、腰果末、开心果仁末、牛肉汤搅匀，起锅装入容器中即可。

⊗特点

泡椒味浓，香味浓郁。

🗐说明

此味型适应性较广，如泡椒酱汁鸭、泡椒酱汁大虾等。

十一、鲜椒酱汁味

🍲原料

鲜红辣椒1500克，仔姜250克，青花椒200克，桂皮、香叶各25克，精盐150克，醋20克，味精150克，蚝油300克。

🥣制作

将鲜红辣椒洗净，用搅拌器搅拌成蓉，放入盆中，加入洗净的青花椒；桂皮剁成小块，香叶切碎，仔姜切末；陶罐洗净烘干。将各种调料一同加入盆中搅拌均匀，装入陶罐中，密封7天左右可用。

🍲特点

色泽红润，香醇可口。

📋说明

此味型适应性较广，如鲜椒酱炒牛肚、鲜椒酱炒鸡胗等。

十二、避风塘系列

1. 避风塘家常味

🍛原料

油酥豆豉10克，油酥蒜瓣100克，油酥花生米碎50克，葱花20克，泡辣椒末60克，椰蓉300克，精盐6克，味精4克，麻油10克，鸡精6克，色拉油100克。

🥄制作

锅中倒入色拉油30克烧至五成热，先加入椰蓉，用小火慢炒出水汽并有香味时，起锅倒入碗中。将剩下色拉油烧至五成热，下泡辣椒末炒出香味，再下油酥豆豉炒香，随后下椰蓉、油酥蒜瓣、油酥花生米碎炒匀，再加入精盐、味精、鸡精，淋入麻油，撒入葱花，炒匀即可。

🍲特点

色泽棕红，香味独特，口感舒适。

📋说明

此味型适应性较广，如避风家常味蒸茄、避风家常味炒大虾。

2. 避风塘陈皮味

🍛原料

面包糠400克，陈皮末50克，干辣椒节10克，花椒2克，油酥蒜末100克，油酥腰果末70克，葱花20克，精盐6克，白糖10克，味精4克，红油5克，陈皮油10克，色拉油100克。

🥄制作

锅中倒入色拉油20克烧热，加入面包糠炒至金黄色酥脆时，起锅装入碗中，剩下色拉油烧至五成热时，投入干辣椒节和花椒炒香上色，再下陈皮末炒香，加入面包糠、油酥蒜末、油酥腰果末，调入精盐、白糖和味精，随后淋入少许红油和陈皮油，撒上少许葱花，翻炒均匀即可。

特点

麻辣香鲜，陈皮味浓，风格独特。

说明

此味型适应性较广，如避风塘陈皮豆腐丸、避风塘陈皮薯条等。

3. 避风塘孜然味

原料

大米锅巴300克，孜然粉12克，辣椒粉20克，油酥蒜米100克，香菜末20克，精盐4克，胡椒粉2克，味精3克，鸡精3克，红油、孜然油各5克，色拉油750克（耗油75克）。

制作

锅中倒入色拉油烧至五成热，投入大米锅巴炸成色泽金黄酥脆时，捞起，沥油，压碎。锅中倒入色拉油50克烧热，下孜然粉、辣椒粉炒香上色时，放入碎锅巴和油酥蒜米炒匀，调入精盐、胡椒粉、味精、鸡精，淋少许红油和孜然油，再撒入香菜末，炒匀即可。

特点

孜然味浓，风格独特。

说明

此味型适应性较广，如避风塘孜然大虾、避风塘孜然羊排等。

4. 避风塘飘香味

原料

油酥馓子300克，多味辣椒粉10克，五香粉2克，芽菜30克，油酥蒜瓣100克，油酥黄豆70克，葱花30克，精盐5克，味精4克，鸡精4克，麻油75克。

制作

将油酥馓子、油酥黄豆、芽菜和油酥蒜瓣分别剁成末。锅中倒入麻油烧至五成热时，下芽菜末炒香，再加入多味辣椒粉和五香粉炒香上色，加入油酥馓子末、油酥蒜末、油酥黄豆末，调入精盐、味精、鸡精，撒入葱花，炒匀即可。

特点

味道香浓，醇厚别致。

说明

此味型适应性较广，适用于多种香酥菜肴的烹调与制作，如飘香卤猪肚、飘香牛肉条等。

十三、新型五味卤

原料

熟土豆泥150克，洋葱末50克，番茄酱100克，咖喱粉15克，白糖75克，精盐15克，味精10克，菜籽油100克，鲜汤75克。

制作

锅放火上，加入菜籽油烧热，下洋葱末炒匀，再下入咖喱粉炒匀，继续下番茄酱炒出香味、辣味及红油，将火调小；然后将熟土豆泥加入炒匀，再加入各种调料及汤水，炒匀即可盛入容器待用。

特点

香辣咸甜，五味突出。

说明

此味型适应性较广，如五味仔鸡、五味卤蛋等。

十四、鲜浓蒜香汁

原料

鸡粉10克，味精3克，中式上汤150克，蒜子100克，蒜油15克，美极鲜味汁15克，花椒3克，桂皮2克，甘草2克，白酱露8克，麻油5克，精盐2克，湿淀粉4克，料酒10克。

制作

将蒜油入锅，下入蒜子瓣煸至微黄，下入花椒、桂皮、甘草煸香，烹入料酒，加入美极鲜味汁、白酱露、精盐、鸡粉、味精、中式上汤及原料烧开，将汁收浓，以湿淀粉勾芡，淋入麻油即成。

鲜咸醇厚，回味悠长。

说明

主要用于热菜的烧制技法，如烧三鲜蹄筋、烧鳝段等。

十五、葱油蒜蓉蒸酱

原料

葱油100克，鲜蒜蓉100克，炸蒜蓉100克，白糖20克，胡椒粉2克，精盐3克，味精5克，鸡粉5克，鸡清汤25克，麻油10克。

制作

将葱油75克及其他调料入盆，下入烹饪原料调匀后上笼蒸好，淋入烧热的葱油25克即成。

特点

葱香浓郁，蒜味味厚。

说明

主要用于热菜、蒸制类菜肴的调制。在调制中，还可加入美极鲜味汁15克，蚝油15克，鱼露5克，水发粉丝碎100克。如葱油蒜蓉蒸鲢鱼头、葱油蒜蓉蒸扇贝等。

十六、葱味蒜香烧汁

原料

大葱段50克，葱油10克，蒜子75克，姜片5克，料酒15克，鸡清汤250克，上等酱油20克，味精5克，鸡粉5克，精盐3克，白糖15克，湿淀粉5克，清油25克。

制作

将清油入锅，烧至五成热，下入蒜子、大葱段煸至出香，成色金黄时下入姜片稍煸，烹入料酒，下入上等酱油、鸡清汤及其他调料烧开，将汁收浓，以湿淀粉勾芡，淋入葱油即成。

特点

葱味浓郁，蒜香味厚。

主要用于热菜烧制各种原料，如葱味蒜香烧鱼唇、葱味蒜香烧皮肚等。

十七、葱姜味烧汁

🍲原料

葱油25克，去皮鲜姜条20克，料酒10克，上等酱油10克，白糖10克，鸡清汤250克，味精5克，鸡粉5克，精盐3克，白糖15克，湿淀粉5克。

✋制作

锅烧热，下入葱油20克烧至五成热，下入去皮鲜姜条煸炒出香，烹入料酒，下入鸡清汤及其他调料烧开，将汁收浓，以湿淀粉勾芡，淋入余下的葱油即成。

🦐特点

葱味浓郁，鲜咸味厚。

📖说明

主要用于热菜烧制各种原料，如葱油姜汁烧牛掌、葱油姜汁烧蹄筋等。

十八、葱味胡椒汁

🍲原料

大葱末10克，葱汁50克，白胡椒粉10克，精盐2克，味精3克，清油15克，湿淀粉3克，柠檬汁3克。

✋制作

锅烧热，下入清油烧至四成热，下入大葱末、白胡椒粉炒香，下入葱汁及其他调料，以湿淀粉勾芡，淋入柠檬汁调匀即成。

🦐特点

葱椒香浓，鲜咸微辣。

📖说明

主要用于各种炸、煎、烤类菜肴的蘸食。如葱味胡椒汁配煎牛板筋串、葱味胡椒汁牛排等。

十九、干葱花椒酱

原料

干葱蓉25克，鲜花椒25克，精盐10克，味精5克，麻油10克，鸡清汤25克。

制作

将鲜花椒洗净，下入碗中，加入精盐及清水，封上保鲜膜放入冷柜保鲜层腌制入味，取出沥去盐汁，倒入家用搅拌机中，加入其他调料一起打成泥，取出盛入碗中即成。

特点

葱香清爽，甘鲜微辛。

说明

主要用于炸、烤、煎等类菜肴的佐餐蘸食。如干葱花椒酱拌黄泥螺、干葱花椒酱配烤羊蝎子等。

二十、葱香咖喱少司

原料

洋葱末50克，干葱末50克，葱汁100克，咖喱粉50克，姜蓉250克，鲜蒜蓉25克，精盐5克，味精10克，鸡粉10克，鸡清汤500克，香叶2片，清油250克，清油面捞（以清油40克，面粉35克炒制）75克，白糖15克。

制作

将锅烧热，下入清油烧至五成热，下入洋葱末、干葱末、姜蓉、鲜蒜蓉、香叶炒透出香至出油，改用文火，下入咖喱粉，炒至出咖喱香味出黄油，下入葱汁及鸡清汤，下入其他调料烧开，下入清油面捞，用打蛋器搅匀调好浓稠度即成。

特点

咖喱香浓，咸鲜微辣。

说明

可用于西餐热菜的调制。在制作中，还可加入辣酱油25克。如葱香咖喱少司鱼、葱香咖喱少司牛肉等。

二十一、新型鱼香汁

1. 葱油鱼香烧汁

原料

葱油40克，豆瓣酱蓉25克，蒜蓉辣酱泥15克，鲜蒜蓉15克，泡子姜蓉10克，白糖35克，香醋25克，味精5克，料酒10克，鸡清汤250克，湿淀粉5克。

制作

锅烧热，下入葱油烧至五成热，下入豆瓣酱蓉、蒜蓉辣酱泥煸透出红油，下入鲜蒜蓉、泡子姜蓉煸香，烹入料酒，下入鸡清汤及其他调料烧开，将汁收浓，以湿淀粉勾芡，亮出红油即成。

特点

葱香浓郁，咸甜酸辣。

说明

主要用于热菜的浇汁、熘汁、烧汁，以及炸、烤等类菜肴的蘸汁等。如用作烧汁烧制原料，可酌情多加一些醋，以补充长时间加热导致的醋的损耗。如葱油鱼香豆瓣黄花鱼、葱油鱼香肉丝等。

2. 蒜粉川式鱼香烧汁

原料

蒜蓉粉15克，泡红辣椒酱45克，葱花5克，姜蓉5克，白糖40克，香醋30克，酱油5克，味精5克，鸡清汤100克，料酒10克，清油30克，湿淀粉5克。

制作

锅中加入清油烧至四成热，下入泡红辣椒酱炒透出乳酸味，下入葱花、姜蓉煸香出红油，烹入料酒，下入原料，加入鸡清汤及其他调料烧开，以湿淀粉勾芡即成。

特点

蒜香浓郁，咸甜酸辣。

说明

主要用于热菜浇汁、熘汁、烧汁，以及炸、煎、烤等类菜肴的蘸汁等。如用作烧汁烧制原料，可酌情多加一些醋，以补充长时间加热导致的醋的损耗。如蒜粉川式鱼香猪扒、蒜粉川式鱼香牛肉等。

3. 蒜子鱼香烧汁

原料

鲜蒜子50克，湖南辣妹子辣椒酱15克，桂林辣椒酱25克，葱段5克，姜条5克，白糖35克，白醋10克，味精5克，鸡清汤250克，料酒10克，清油30克，湿淀粉5克。

制作

锅中倒入清油烧至五成热，下入鲜蒜子煸至微黄，下入辣椒酱煸出红油，下入葱段、姜条煸香，烹入料酒，下入鸡清汤及其他调料烧开，将汁收浓，以湿淀粉勾芡即成。

特点

蒜香浓郁，咸甜酸辣。

说明

主要用于热菜烧制各种原料。如蒜子鱼香烧墨鱼仔、蒜子鱼香烧鳝段等。

4. 蒜油鱼香烧汁

原料

蒜油40克，豆瓣酱25克，蒜蓉辣酱泥15克，葱花5克，泡子姜蓉5克，白糖35克，香醋25克，料酒10克，味精5克，鸡清汤250克，湿淀粉5克。

制作

锅中加入蒜油烧至五成热，下入豆瓣酱、蒜蓉辣酱泥煸透出红油，下入葱花、泡子姜蓉煸香，烹入料酒，下入鸡清汤及其他调料烧开，将汁收浓，以湿淀粉勾芡，亮出红油即成。

特点

蒜香浓郁，咸甜酸辣。

说明

主要用于热菜浇汁、熘汁、烧汁，以及炸、烤等类菜肴的蘸汁等。如用作烧汁烧制原料，可酌情多加一些醋，以补充长时间加热导致的醋的损耗。如蒜油豆瓣烧鲈鱼、蒜油豆瓣烧猪手等。

二十二、蒜酥川椒爆汁

原料

炸蒜蓉5克，潮式川椒粉6克，白糖3克，胡椒粉0.3克，味精5克，老抽酱油3克，鸡清汤25克，湿淀粉3克，麻油3克。

制作

将调料兑成碗汁调匀即成。

特点

蒜香浓郁，葱椒香醇，鲜咸适口。

说明

主要用于热菜、爆炒类菜肴的调制。此汁可炒制150克左右烹饪原料，在调制中，还可加入鱼露3克。如蒜酥川椒爆虾仁、蒜酥川椒爆猪肝等。

二十三、蒜粉葱椒泥

原料

蒜蓉25克，净干花椒25克，葱末50克，精盐5克，味精5克，鸡清汤50克。

制作

将净干花椒用鸡清汤25克浸透至软，倒入家用搅拌机中，下入其他调料，加入原料一起打成细泥，盛入调料罐即成。

特点

蒜香清爽，葱椒清香，咸鲜辛麻。

说明

可用于热菜的调制。在调制中，可选用青皮的鲜花椒粒，也可选用章丘大葱，其味香甜，辛辣味较弱，也可加入洛口醋5克提香，加入美极鲜味汁10克。如蒜粉葱椒爆散丹、蒜粉葱椒爆鱿鱼等。

二十四、牛鲜黑胡椒酱

原料

牛精粉20克，牛尾汤500克，中式牛肉清汤2500克，牛油500克，味精50克，黑胡椒粉250克，洋葱蓉100克，蒜蓉100克，白糖100克，精盐25克，面粉500克，清油500克，老抽50克。

制作

将牛油500克入锅烧融至油泡散尽，下入面粉以温火慢炒，炒至面粉出香、色淡黄时，铲到锅一边，下入清油烧至五成热，下入黑胡椒粉、洋葱蓉、蒜蓉炒出香味，加入中式牛肉清汤、牛尾汤、牛精粉、白糖、味精、精盐、老抽搅匀使其充分搅溶成糊状，倒入容器，另取融化牛油适量淋入封顶即成。

特点

胡椒香浓，鲜咸微辣。

说明

此酱也可用炒好的油面糊调入炒好的黑胡椒汁中煮开，直至黑胡椒汁变浓成酱。主要用于热菜的调制。此酱在调制时也可不用老抽，而用番茄沙司50克。如牛鲜铁板黑椒生蚝、牛鲜铁板黑椒牛柳等。

二十五、肉香胡椒油

原料

鸡粉3克，白胡椒粉20克，清油40克。

制作

将白胡椒粉倒入碗中，将清油烧至六成热冲入碗中，用竹筷调匀，待凉后调入鸡粉即成。

特点

荤香浓郁，胡椒香浓。

说明

主要用于热菜炸类菜肴，刷于成品表面，也可用于蘸食。在调制中还可加入香葱末5克。如肉香胡椒里脊、肉香胡椒鸭腿等。

二十六、鸡鲜胡椒汁

📋原料

浓缩鸡汁5克，味精5克，鸡清汤50克，白胡椒粉5克，清油20克，湿淀粉5克。

🥄制作

将白胡椒粉倒入锅中，加入清油，以温火煸香，加入鸡清汤及其他调料烧开，以湿淀粉勾稀芡，盛入碗中即成。

🍳特点

胡椒香浓，鲜咸微辣。

📄说明

主要用于热菜的调制，也可用于热菜蘸食。如鸡鲜胡椒爽肚、鸡鲜胡椒鱿鱼等。

二十七、鸡鲜胡椒盐

📋原料

鸡粉10克，白胡椒粉20克，精盐50克。

🥄制作

将精盐入锅炒热，下入白胡椒粉炒匀，盛入碗中，凉凉，调入鸡粉即成。

🍳特点

胡椒香浓，鲜咸微辣。

📄说明

主要用于热菜炸类、烤类、煎类等菜肴的蘸食。如鸡鲜胡椒酥炸鱼条、鸡鲜胡椒鸡柳等。

二十八、特鲜酱烧汁

📋原料

益鲜素5克，味精5克，鸡清汤500克，甜面酱30克，葱姜汁15克，八角2克，白糖5克，香醋5克，美极鲜味汁15克，葱油30克，麻油5克。

（✍制作）

锅中入葱油，下入甜面酱炒透出香，加入葱姜汁、八角、白糖、香醋，加入鸡清汤及其他调料，将汁收至一半时，淋入麻油即成。

（☺特点）

酱香浓郁，鲜咸醇厚。

（目说明）

主要用于热菜烧制原料。在调制中，还可加入蚝油10克。如特鲜鲁式酱烧鱼、特鲜酱烧排骨等。

二十九、超鲜豉油皇汁

（☺原料）

超鲜排骨鸡粉30克，味精50克，鸡清汤500克，生抽250克，老抽50克，美极鲜味汁15克，胡椒粉5克，冰糖（白糖）60克，鲜蒜头100克。

（✍制作）

将鸡清汤入锅煮开，加入冰糖、生抽、老抽、鲜蒜头，待冰糖熬化，蒜味熬出后，调入超鲜排骨鸡粉、味精、胡椒粉，倒入盛好美极鲜味汁的不锈钢桶内即成。

（☺特点）

酱醋香浓，鲜咸微甜。

（目说明）

主要用于热菜，可用于勾芡烧汁，也可用于蘸食。在调制中，还可改用鱼汤，加入鱼露50克、海米25克熬制。如超鲜豉油皇汁灼基围虾、超鲜豉油皇汁灼扇贝等。

三十、荤香酱醋烧汁

（☺原料）

鸡粉3克，味精5克，熟鸡油10克，鸡清汤500克，酱油45克，料酒25克，小葱白段20克，姜片15克，白糖20克，胡椒粉0.5克，精盐3克，麻油5克，花生油15克，湿淀粉7克。

（制作）

锅烧热下入花生油烧至五成热，下入小葱白段、姜片爆香，下入酱油，烹入料酒，炒出酱酯香味，加入鸡清汤及其他调料，烧开，待汤汁收至1/3～1/2时，以湿淀粉勾芡，淋入熟鸡油、麻油即成。

（特点）

酱酯香浓，鲜咸适口。

（说明）

主要用于热菜红烧类菜肴，多以之烧制原料。如荤香酱酯煨鹿筋、荤香酱酯扒牛蹄等。

三十一、牛鲜酱酯烧汁

（原料）

浓缩牛肉汁5克，味精5克，鸡清汤500克，生抽25克，美极鲜味汁10克，超鲜红烧牛肉粉5克，葱段5克，姜片5克，料酒10克，白糖10克，湿淀粉5克，麻油5克，花生油10克。

（制作）

锅烧热，下入花生油烧至五成热，下入葱段、姜片爆香，烹入料酒，加入生抽、白糖、鸡清汤、浓缩牛肉汁、味精、超鲜红烧牛肉粉烧开，待汤汁收至一半时，下入美极鲜味汁，以湿淀粉勾芡，淋入麻油即成。

（特点）

牛鲜味浓，鲜咸醇厚。

（说明）

主要用于热菜烧类菜肴，以烧制原料。如牛鲜酱烧笋鸡、牛鲜酱烧蹄筋等。

三十二、本鲜蚝皇汁

原料

鸡粉10克，鸡清汤250克，味精5克，干蚝（蚝豉）100克，蚝油200克，葱10克，姜10克，料酒10克，老抽10克，精盐5克，白糖10克，清水250克。

制作

将干蚝洗净入盆，加入清水浸泡一天，加入其他调料入蒸笼蒸3小时，取出沥出汤汁即成。

特点

鲜香浓郁，风味独特。

说明

主要用于热菜蒸、烧、焖类菜肴。如本鲜蚝皇烧鱿鱼等。

三十三、桂花荷香汁

原料

桂花酱10克，鲜桂花10克，桂花陈酒15克，鲜荷花50克，精盐5克，鸡粉5克，姜汁5克，鸡清汤1000克。

制作

将鲜荷花洗净，切花刀片，下入汤盅，加入其他调料，上蒸笼蒸30分钟后取出即成。

特点

花香馥郁，咸鲜适口。

说明

主要用于热菜调制各种汤菜。如桂花荷香鸡豆花、桂花荷香蜜豆沙等。

三十四、玫瑰竹香汁

原料

玫瑰酱10克，玫瑰露酒15克，鲜竹叶26克，鲜竹筒1支，精盐5克，鸡粉

5克，姜汁5克，中式清汤750克。

（制作）

将鲜竹筒洗净，将鲜竹叶放入竹筒垫底，加入其他调料，上蒸笼蒸30分钟，取出即成。

（特点）

花香馥郁，风味独特。

（说明）

主要用于热菜调制各种汤菜。如玫瑰竹香鸡翅、玫瑰竹香糯米鸡等。

三十五、桂花芝麻盐

（原料）

干桂花25克，熟白芝麻50克，精盐25克，味精10克。

（制作）

将熟白芝麻用擀面杖擀成末，加入精盐、味精、干桂花调匀即成。

（特点）

花香馥郁，植脂香醇，咸鲜适口。

（说明）

主要用于热菜的炸、烤菜肴的配碟以蘸食。如桂花芝麻盐焗鸡、桂花芝麻盐烤鸡翅等。

三十六、玫瑰千岛酱

（原料）

可食性鲜红玫瑰花瓣10克，玫瑰酱10克，卡夫奇妙酱100克，番茄汁30克，柠檬汁10克，白糖3克，味精3克，精盐2克。

（制作）

将可食性鲜红玫瑰花瓣洗净沥干切细丝，与其他调料入盆调匀即成。

（特点）

花香馥郁，咸鲜清爽。

主要用于冷菜调制以及热菜炸、烤、煎类菜肴的蘸食。在调制中，还可加入西芹蓉15克、奶油10克。如玫瑰千岛拌芝麻腰片、香煎玫瑰千岛银鳕鱼等。

三十七、玫瑰孜然汁

原料

玫瑰酱10克，玫瑰露酒5克，孜然粉10克，洋葱蓉20克，麻油10克，精盐3克，味精5克，高汤50克，美极鲜味汁10克。

制作

将调料一起倒入碗中调匀即成。

特点

花香馥郁，孜然香浓。

说明

主要用于热菜炸类、烤类等菜肴的蘸汁，以及浇在原料表面以调其味。如玫瑰孜然酥乳鸽、玫瑰孜然烤鸡翅等。

三十八、香草黑胡椒汁

原料

香草叶碎10克，香草调味汁10克，黑胡椒粉25克，洋葱蓉（或干葱蓉）10克，鲜蒜蓉10克，鲜红尖椒碎10克，米酒5克，鸡清汤50克，白砂糖5克，味精5克，美极鲜味汁15克，老抽2克，清油50克。

制作

将清油入锅烧至六成热，下入洋葱蓉、鲜蒜蓉、鲜红尖椒碎煸炒出香，下入黑胡椒粉炒出香，烹入米酒，加入鸡清汤及其他调料，下入原料烧开调匀，倒入容器中即成。

特点

胡椒香浓，鲜咸微辣。

主要用于热菜的调制。在调制中还可分别加入蚝油5克、味醂5克、沙茶酱5克，以及黄油50克等，在调制中，香草叶碎也可以在勾芡后撒入。如铁板香草黑椒牛柳、铁板香草鱿鱼等。

三十九、花生酱西式白沙少司

🍽原料

花生酱25克，黄油25克，面粉20克，西式鸡清汤250克，香叶1片，干辣椒1个，柠檬片1片，精盐2克，味精3克。

👩‍🍳制作

锅内入黄油、香叶、干辣椒，以文火将黄油熬融，至水泡将尽，加入面粉炒透出香，待色淡黄而仍有黏性时，下入花生酱、西式鸡清汤（边下边搅），搅匀后下入柠檬片，加入其他调料调匀煮开，滤去杂物即成。

🦐特点

乳香浓郁，咸鲜适口。

📖说明

主要用于热菜煮家禽、水产及烩制菜肴等的制作。在调制中，还可加入奶油20克，白糖10克，如花生酱西式白沙少司烩豆腐泡、花生酱西式白沙少司烩蘑菇等。

四十、松子黄汁少司

🍽原料

松子仁20克，黄油25克，面粉20克，西式鸡清汤250克，香叶1片，干辣椒1个，精盐2克，味精3克，柠檬片10克。

👩‍🍳制作

将锅内入黄油、香叶、干辣椒，以文火将黄油熬化，至水泡将尽，加入面粉搅匀，以文火炒熟出香，待色呈淡黄而仍有黏性时，下入西式鸡清汤（边下边搅），再下入柠檬片、精盐、味精关火。将混合物用罗滤入碗中，待温度降至70℃左右时，将松子仁滑油后沥尽油，撒入碗内即成。

⊗特点

乳香浓郁，咸鲜香甜。

☰说明

主要用于热菜煮鸡、蒸鱼、烤虾等多种菜肴的制作。在调制中，还可加入白葡萄酒20克。如松子黄汁少司鲜鱿、松子黄汁少司蒸鱼等。

四十一、腰果西式荷兰少司

⊕原料

腰果仁15克，黄油60克，生鸡蛋黄20克，清水15克，柠檬汁20克，精盐2克，味精3克，清油适量。

✍制作

将清水放入碗中，下入生鸡蛋黄搅匀。锅中加入水适量烧至60~70℃关火，将碗放入锅内水中加热（水不要没入碗中），用筷子朝一个方向搅动蛋液，并将融化的黄油徐徐下入，使之搅成一体。将腰果仁过油后，沥尽油碾成碎，与其他调料一起下入搅成的少司中，搅匀直到上劲成稠浆，无蛋腥味即成。

⊗特点

口味香醇，乳香浓郁。

☰说明

主要用于热菜调制及配碟蘸食。如腰果西式荷兰少司烤鸡翅、腰果西式荷兰少司鱿鱼等。

四十二、夏威夷果仁牛奶蛋黄汁

⊕原料

夏威夷果仁25克，牛奶750克，奶油50克，生鸡蛋黄25克，清油适量。

✍制作

将夏威夷果仁用清油炸透至出香（尽可能不要上色），用刀碾成碎。将牛奶入锅中烧开，将生鸡蛋黄与奶油调匀，徐徐搅入滚沸的牛奶中调匀关火，撒入夏威夷果仁碎即成。

口味香醇，乳香浓郁。

主要用于冷、热菜及汤类的调制，且常最后浇入。如夏威夷果仁牛奶蛋黄肉皮冻、夏威夷果仁牛奶蛋黄蒸虾糕等。

四十三、杏仁香糟卤

杏仁香精5克，料酒糟200克，料酒500克，白糖30克，精盐5克，味精5克。

将料酒糟、料酒、白糖、精盐、味精下入容器内调匀，封上保鲜膜浸泡36小时，灌入洁净的布袋中悬挂起来，滤出的卤汁即为香糟卤（开始滤除的卤汁较为浑浊，把其再倒入布袋内，至滤除的香糟卤澄清）。然后调入杏仁香精，盛入瓶内，盖严盖子，在阴凉处保存即可。

植脂香醇，糟香浓郁，鲜咸回甜。

主要用于热菜的调制，也可作为糟腌汁用于冷菜。如杏仁糟熘鱼片、杏仁糟卤拌茭白等。

四十四、花生闽式红糟酱

花生酱25克，花生油15克，红糟50克，姜末3克，老酒15克，白糖15克，精盐2克，味精3克。

将红糟去杂质、沙粒搅成泥蒸熟，锅烧热，下入花生油烧至五成热，下入姜末煸香，下入红糟泥、花生酱、精盐、白糖、老酒，以文火炒透，等红糟中酒酸味炒尽，下入味精炒匀出锅即成。

糟香浓郁，咸甜适口。

📖说明

主要用于热菜的调制。如花生闽式红糟酱烧黄鳝、花生闽式红糟鸡等。

四十五、腰果蒜蓉蒸酱

🥗原料

炸腰果仁碎50克，麻油10克，鲜蒜蓉100克，炸蒜蓉100克，胡椒粉2克，精盐3克，味精5克，鸡粉5克，鸡清汤25克，白糖20克，熟鸡油10克，清油25克。

🥄制作

将调料入盆，加入麻油调匀，撒入炸腰果仁碎，淋入烧热的清油即成。

😋特点

蒜香清爽，咸鲜味厚。

📖说明

主要用于热菜蒸类菜肴的调制。在调制中，还可加入蚝油20克，鱼露5克，美极鲜味汁15克，水发粉丝碎100克。如腰果蒜蓉蒸原壳鲍鱼、腰果蒜蓉蒸扇贝等。

四十六、麻酱蒜香烧汁

🥗原料

芝麻酱25克，麻油5克，大蒜子75克，蒜油15克，酱油10克，花椒3克，桂皮2克，甘草2克，料酒10克，鸡清汤200克，味精5克，鸡粉5克，精盐3克，白糖10克，湿淀粉5克。

🥄制作

将蒜油入锅，下入大蒜子煸至微黄，下入花椒、桂皮、甘草煸香，下入芝麻酱稍炒，烹入料酒，加入酱油、鸡清汤及其他调料烧开，将汁收浓，去掉桂皮、甘草，以湿淀粉勾芡，淋入麻油即成。

蒜香浓郁，咸鲜味厚。

主要用于热菜烧制各种原料。如麻酱蒜香烧牛脊髓、麻酱蒜香烧蹄筋等。

四十七、沙律粤式芥末酱

沙律汁250克，绿芥末粉100克，白醋20克，白糖15克，精盐5克，味精5克，鸡清汤75克，鸡粉5克。

将绿芥末粉放入盆内，加入热鸡清汤调匀，用保鲜膜封好，放在蒸笼上蒸制30分钟，取出后加入其他调料，搅拌均匀即可。

芥辣冲香，鲜咸适口。

主要用于冷菜的调制及部分煎、炸、烤类热菜和生食蘸汁等。如沙律粤式芥末酱拌鸽肚、沙律粤式芥末酱配香煎虾排、沙律粤式芥末酱生鱼片等。

四十八、瓜子仁潮式剁红辣椒酱

瓜子仁50克，剁红辣椒碎500克，红油100克，姜末15克，白醋15克，精盐10克，味精10克，鸡粉5克，麻油10克，清油50克。

锅中入清油50克，下入姜末、白醋稍炒，下入洗净沥干水后的剁红辣椒碎、瓜子仁翻炒，下入其他调料炒匀出香出锅即成。

香辣浓郁，咸鲜醇厚。

主要用于拌制冷菜及热菜蒸制原料。在调制中，还可加入辣酱50克，鲜蒜蓉50克，浏阳豆豉50克，鱼露10克，干贝汁20克，美极鲜味汁10克，如用于热菜蒸制原料，可在蒸好后撒入葱花20克，浇热油25克。如瓜子仁潮式剁椒拌鸭脎、瓜子仁潮式剁椒蓉扣肉等。

四十九、花生香辣烧汁

（原料）

油炸去皮花生仁碎10克，花生酱25克，麻油5克，野山椒末30克，鲜蒜蓉5克，姜蓉5克，料酒10克，白卤水250克，胡椒粉3克，精盐3克，味精5克，鸡粉5克，清油20克，湿淀粉5克。

（制作）

锅中入清油烧至五成热，下入野山椒末、鲜蒜蓉、姜蓉煸香，烹入料酒，加入花生酱、白卤水及其他调料烧开，以湿淀粉勾芡，淋入麻油，撒入油炸去皮花生仁碎即成。

（特点）

香浓微辣，鲜咸适口。

（目）说明

主要用于热菜的调制。在调制中，还可加入西芹末15克，红油20克，白酒15克。如花生香辣烩羊肝、花生香辣烩毛肚等。

五十、花生豆豉烧汁

（原料）

油炸去皮花生仁碎15克，花生酱15克，麻油10克，粤式豆豉料20克，鲜蒜蓉10克，小葱白段10克，姜条10克，料酒10克，老抽3克，精盐1克，白糖3克，味精5克，鸡粉5克，胡椒粉0.5克，鸡清汤250克，湿淀粉5克，清油15克，熟鸡油10克。

制作

锅烧热下入清油烧至五成热，下入小葱白段、姜条、鲜蒜蓉、豆豉料爆香，烹入料酒，下入花生酱、鸡清汤及其他调料烧开调匀，改用文火待汁收浓，以湿淀粉勾芡，淋入热鸡油、麻油，撒入油炸去皮花生仁碎即成。

特点

豉香浓郁，鲜咸味厚。

说明

主要用于热菜烧制原料后浇汁。在调制中，还可加入蚝油15克，花生仁碎也可撒在浇好汁的菜肴成品表面。如花生豆豉烧猪尾煲、花生豆豉烧猪手等。

五十一、麻酱腐乳酱汁

原料

芝麻酱30克，熟芝麻10克，麻油10克，红方腐乳酱（腐乳与汁1∶1调成酱）30克，高汤40克，白糖3克，味精5克。

制作

将芝麻酱入碗，用筷子朝一个方向搅匀，并依次下入其他调料调匀，分别盛入小味碟，撒入熟芝麻，淋入麻油即成。

特点

腐乳香醇，鲜咸适口。

说明

主要用于蘸食。在调制中，还可加入韭菜花酱30克，沙茶酱20克，海鲜酱20克，孜然粉5克，红油30克，鲜蒜蓉10克和适量白糖。如北京涮羊肉火锅蘸料。

五十二、花仁海皇汁

原料

去皮花生仁150克，干鲍100克，干贝100克，海米50克，葱25克，姜15克，生抽100克，美极鲜味汁50克，老抽10克，味精5克，鸡粉10克，海鲜素15克，鸡汤1000克，清水500克。

制作

将干鲍、干贝、海米洗净，入盆加入清水浸泡一天，加入鸡汤、葱、姜入笼蒸7小时，取出滤出原汤，加入其他调料即成。

特点

口味浓郁，鲜香味醇。

说明

主要用于热菜烧制各种原料。在制作中，还可加入火腿50克，以提升鲜味。如花仁海皇汁炆河鳗（白鳝）、花仁海皇汁鲍鱼等。

五十三、核桃咖喱味汁

原料

去皮核桃仁碎100克，核桃露750克，植物油250克，干葱蓉50克，鲜蒜蓉50克，姜蓉50克，咖喱粉230克，姜黄粉50克，红辣椒粉50克，鲜红辣椒蓉50克，丁香粉10克，豆蔻粉10克，砂姜粉10克，八角粉10克，小茴香粉10克，精盐5克，味精10克，鸡粉10克，白葡萄酒50克。

制作

锅烧热下入植物油烧至五成热，下入干葱蓉、鲜蒜蓉、姜蓉、鲜红辣椒蓉煸透至出油，下入咖喱粉、姜黄粉、红辣椒粉、丁香粉、豆蔻粉、砂姜粉、八角粉、小茴香粉、精盐、味精和鸡粉，炒透出香至色黄出黄油，烹入白葡萄酒，下入核桃露炒匀，加入味精，撒入去皮核桃仁碎调匀即成。

特点

咖喱香浓，咸鲜微辣。

说明

主要用于热菜的调制，在调制过程中，核桃仁碎也可撒在成品菜肴表面。如核桃咖喱焗龙虾仔、核桃咖喱焗牛尾等。

五十四、核桃沙茶酱汁

（📷）原料

去皮核桃仁碎15克，核桃露30克，花生酱30克，花生油50克，沙茶酱50克，辣椒粉10克，洋葱末10克，鲜蒜蓉10克，白糖10克，黑胡椒粉5克，精盐3克，鲜贝露5克，味精5克，鸡粉5克，鸡清汤100克，白葡萄酒10克。

（👌）制作

锅烧热下入花生油烧至四成热，下入洋葱末、鲜蒜蓉、辣椒粉煸香出红油，下入沙茶酱、花生酱炒匀，烹入白葡萄酒，下入鸡清汤及其他调料烧开，下入核桃露，将汁收浓，撒入去皮核桃仁碎即成。

（🐛）特点

沙茶香浓，咸鲜微辣。

（📋）说明

主要用于热菜烧、炒等类菜肴的调制。在调制中，还可加入椰浆15克，植物淡奶15克，咖喱粉5克，如无鲜贝露，也可选择美极鲜味汁。核桃仁碎也可最后撒在成品菜肴表面。如核桃沙茶酱汁鱼、核桃沙茶酱汁大虾等。

五十五、花生五香烧汁

（📷）原料

炸去皮核桃仁碎15克，花生酱25克，花生油15克，麻油10克，八角5克，桂皮5克，甘草5克，白芷2克，山柰2克，陈皮3克，砂仁3克，草果5克，花椒2克，丁香2克，老姜5克，大葱10克，酱油50克，白糖25克，料酒15克，味精5克，鸡粉5克，鸡清汤800克，湿淀粉5克。

（👌）制作

将香料放入布袋封好入锅，加入鸡清汤及其他调料烧开，改用文火炆30分钟，待香味透入汤中，汤汁收至500克左右，去掉料包，将卤汤倒入容器。锅入花生油烧至五成热，下入花生酱稍炒，烹入料酒，下入卤汤烧开，将汁收浓，以湿淀粉勾芡，淋入麻油，撒入炸去皮核桃仁碎即成。

五香浓郁，咸鲜略甜。

说明

主要用于烧制各种原料。在调制中，花生仁碎也可最后撒在浇好汁的成品菜肴表面。如花生五香烧油面筋、花生五香烧蘑菇等。

五十六、榄仁淮式甜酸味汁

原料

炸橄榄仁25克，麻油5克，番茄酱25克，鲜蒜蓉10克，葱姜汁5克，白糖30克，香醋20克，精盐3克，味精5克，鸡清汤50克，料酒10克，湿淀粉5克，清油25克。

制作

锅烧热，下入清油烧至四成热，下入番茄酱、鲜蒜蓉、葱姜汁炒香煸出红油，烹入料酒，下入白糖、香醋及其他调料，以湿淀粉勾芡，淋入麻油，撒入炸橄榄仁即成。

特点

甜酸浓厚，鲜咸适口。

说明

主要用于热菜炸、熘类菜肴的浇汁或熘汁，此汁的量适用于500克原料。如榄仁淮式糖醋烧鹅片、榄仁淮式糖醋虾仁等。

五十七、松仁茄味甜酸汁

原料

炸松子仁20克，麻油5克，番茄酱20克，白糖50克，白醋15克，香醋15克，精盐3克，味精3克，清水50克，湿淀粉5克，清油15克。

制作

锅烧热下入清油烧至三成热，下入番茄酱，炒出红油，下入白糖、白醋及其他调料烧开，以湿淀粉勾芡，淋入麻油，撒入炸松子仁即成。

甜酸浓厚，茄汁浓郁。

说明

主要用于热菜炸、熘类菜肴的浇汁或熘汁。在调制中，松子仁也可撒在成品菜肴的表面。如松仁茄味糖醋掌中宝（鸡爪脆骨）、松仁茄味糖醋大虾等。

五十八、芝麻葡萄味汁

原料

熟芝麻15克，芝麻酱20克，浓缩葡萄汁150克，红葡萄酒10克，白糖35克，白醋15克，精盐3克，味精5克，湿淀粉5克，清油20克，葱蓉5克，姜蓉5克。

制作

锅烧热下入清油烧至四成热，下入葱蓉、姜蓉煸香，下入芝麻酱、浓缩葡萄汁烧开调匀，再下入红葡萄酒及其他调料，以湿淀粉勾芡，撒上熟芝麻即成。

特点

甜酸为醇，鲜咸适口。

说明

主要用于热菜炸、熘、扒等类菜肴的浇汁、熘汁、扒汁等的制作。在调制中，熟芝麻也可最后撒在浇好汁的成品菜肴表面。如芝麻葡萄肉丸、芝麻葡萄鹅掌等。

五十九、榄仁粤式西汁

原料

炸橄榄仁100克，橄榄油10克，番茄汁125克，辣酱油30克，美极鲜味汁5克，苹果汁30克，白糖20克，精盐7克，味精15克，高汤1000克，湿淀粉20克。

制作

将原料入锅烧开，下入湿淀粉勾芡，下入炸橄榄仁，淋入橄榄油调匀即成。

特点

酸甜适中，鲜咸爽口。

说明

主要用于热菜炸、熘、焗、煎等类菜肴的制作。在调制中，还可加入苹果、梨等水果，以及少许食用红色素，也可将部分橄榄仁撒在成品菜肴表面。如榄仁粤式西汁焗猪排、榄仁粤式西汁焗牛排等。

六十、腰果川式酸甜味汁（荔枝味汁）

原料

炸腰果仁25克，清油20克，姜片5克，蒜片10克，葱白片15克，料酒10克，鸡清汤20克，白糖30克，香醋35克，酱油10克，精盐3克，味精5克，胡椒粉1克，湿淀粉5克。

制作

锅烧热下入清油烧至五成热，下入姜片、蒜片、葱白片爆香，烹入料酒，下入其他调料，以湿淀粉勾芡，撒入炸腰果仁即成。

特点

酸甜适中，鲜咸爽口。

说明

主要用于热菜爆炒类菜肴的调制，此汁可炒制500克左右原料。也可将除油、葱、姜、蒜以外的调料兑成碗汁烹制菜肴。如腰果川式荔枝掌中宝、腰果川式荔枝扒鹅掌等。

六十一、果仁酸辣汤汁

原料

炸夏威夷果仁碎15克，麻油5克，香醋20克，胡椒粉4克，酱油3克，精盐5克，味精5克，鸡粉5克，鸡清汤850克，湿淀粉15克。

制作

将鸡清汤入锅，加入其他调料，调好咸鲜微辣口味，烧开，以湿淀粉勾芡，下入香醋调匀，加入酱油上色，淋入麻油，出锅入汤盅，撒入炸夏威夷果仁碎即成。

🍴特点

酸香微辣，鲜咸爽口。

📋说明

主要用于热菜汤羹类菜肴的调制。如果仁海鲜酸辣汤、果仁五香酸辣汤等。

六十二、新式胡椒汁

1. 香辣黑胡椒汁

🍜原料

香辣酱25克，鲜红尖椒碎10克，黑胡椒粉20克，洋葱蓉15克，鲜蒜蓉5克，白砂糖5克，味精5克，鸡粉5克，美极鲜味汁15克，料酒10克，鸡清汤50克，清油50克。

🥄制作

将锅烧热，下入清油烧至五成热，下入香辣酱、洋葱蓉、鲜蒜蓉、鲜红尖椒碎煸炒至出红油，下入黑胡椒粉煸香，烹入料酒，下入鸡清汤及其他调料炒透即成。

🍴特点

香辣味浓，鲜咸适口。

📋说明

主要用于热菜的调制。在调制中，还可分别加入蚝油5克，味醂5克，沙茶酱5克。如香辣黑椒炒花蛤、香辣黑椒炒牛柳等。

2. 豆瓣黑胡椒汁

🍜原料

红油豆瓣酱5克，黑胡椒碎15克，洋葱末15克，蒜蓉10克，姜蓉5克，味精5克，白糖10克，料酒10克，鸡清汤250克，老抽5克，清油面捞35克（以清油20克、面粉15克炒制），清油50克。

锅烧热下入清油烧至五成热，下入红油豆瓣酱煸透出红油，下入黑胡椒碎、洋葱末、蒜蓉、姜蓉煸香，烹入料酒，下入鸡清汤及其他调料烧开，将汁收浓，下入清油面捞，用打蛋器打匀成糊状调好浓度即成。

特点

香浓微辣，鲜咸适口。

说明

主要用于热菜的调制。在调制中，还可加入蚝油10克。如豆瓣黑胡椒焖鹅块、豆瓣黑胡椒焖牛肉等。

3. 辣酱胡椒汁

原料

香辣酱5克，白胡椒粉5克，味精3克，鸡粉3克，清油20克，鸡清汤20克，柠檬汁3克，湿淀粉3克。

制作

将锅烧热，下入清油烧至五成热，下入香辣酱煸出红油，下入白胡椒粉炒香，下入鸡清汤及其他调料烧开，以湿淀粉勾芡，淋入柠檬汁调匀即成。

特点

胡椒香醇，鲜咸适口。

说明

可用于各种炸、煎、烤类菜肴的配碟蘸食。如辣酱胡椒汁配烧鹅头、辣酱胡椒汁鸭掌等。

4. 美式辣味胡椒汁

原料

辣椒汁25克，白胡椒粉10克，清油35克，味精3克，清汤50克。

制作

将白胡椒粉入碗，锅中倒入清油烧至四成热浇入碗中，用筷子调匀冲出胡椒香，下入清汤、辣椒汁及味精一起调匀即成。

特点

咸鲜微辣，风味独特。

可用于冷、热菜的调制或配碟蘸食。如美式辣味胡椒汁拌羊肚、美式辣味胡椒汁配卤鸡头等。

5. 剁椒胡椒汁

原料

剁红辣椒50克，白胡椒粉10克，味精5克，鸡粉3克，清汤25克，清油25克。

制作

将剁红辣椒入碗，撒入白胡椒粉，将清油入锅烧至六成热浇入碗中，下入其他调料，用筷子拌匀即成。

特点

香辣浓郁，鲜咸适口。

说明

可用于冷、热菜的调制。如剁椒胡椒拌鸭肠、剁椒胡椒蒸龙虾仔等。

六十三、辣味复合酱烧汁

原料

辣椒酱35克，甜面酱15克，柱侯酱10克，白糖10克，鸡粉5克，味精5克，料酒10克，鸡清汤250克，清油30克，湿淀粉5克。

制作

锅烧热下入清油烧至五成热，下入辣椒酱煸香出红油，下入甜面酱、柱侯酱煸透，烹入料酒，下入鸡清汤及其他调料烧开，将汁收浓，以湿淀粉勾芡即成。

特点

香辣味浓，风味独特。

说明

主要用于热菜烧制原料。在调制中，还可加入腐乳酱10克，海鲜酱10克，干葱蓉5克，海米蓉5克，蚝油10克。如辣味复合酱烧蛎黄、辣味复合酱烧蛏子等。

六十四、红油豉油皇汁

原料

红辣椒油50克，生抽35克，老抽5克，美极鲜味汁15克，冰糖15克，味精5克，鸡粉5克，高汤250克，大蒜子50克。

制作

将大蒜子入碗，加入生抽及老抽、美极鲜味汁、冰糖、高汤，入蒸笼蒸30分钟，取出捞去大蒜子，调入味精、鸡粉及红辣椒油即成。

特点

咸鲜微辣，色泽红润。

说明

可用于冷、热菜的调制，用于淋汁或蘸食。在调制中，还可改用鱼汤，加入鱼露10克，海米10克，鲜味宝5克，当归15克，葱丝10克，鲜红尖椒丝10克，姜丝5克，浇热油适量，最后淋入红油，撒入熟芝麻5克。如红油豉油皇蒸鲥鱼、红油豉油皇蒸扇贝等。

六十五、豆瓣酱酯烧汁

原料

豆瓣酱35克，生抽15克，美极鲜味汁10克，胡椒粉0.5克，白糖10克，味精5克，料酒10克，鸡清汤500克，葱段15克，姜片10克，湿淀粉5克，清油35克。

制作

锅烧热，下入清油烧至五成热，下入豆瓣酱、葱段、姜片煸香出红油，烹入料酒，下入生抽，加入鸡清汤及其他调料烧开，将汁收浓，淋入美极鲜味汁，以湿淀粉勾芡即成。

特点

口味香浓，咸鲜微辣。

说明

主要用于热菜烧制各种原料。在调制中，还可加入味酥25克，清酒20克，白芝麻10克。如豆瓣酱酯鱼煲、豆瓣酱酯猪手等。

六十六、香辣淮式蟹油

原料

红辣椒油100克，蟹黄150克，蟹肉150克，精盐5克，清油150克。

制作

锅烧热，下入清油烧至五成热，下入蟹黄、蟹肉以文火慢炒至色金黄，水气将尽，出蟹油香味，下入其他调味品调匀出锅即成。

特点

色泽金黄明亮，口味鲜香味厚。

说明

主要用于冷、热菜肴的调制。如香辣淮式蟹油拌鸡脯、香辣淮式蟹油烧鱼唇等。

六十七、粤式 XO 香辣酱

原料

红辣椒粉100克，干红辣椒丝30克，瑶柱蓉375克，海米蓉375克，咸鱼蓉50克，鱿鱼蓉50克（用家用搅拌机打制），干虾子50克，炸蒜蓉325克，干葱末300克，桂皮粉20克，白砂糖50克，味精50克，花雕酒100克，麻油125克，清油500克。

制作

锅烧热下入清油烧至四成热，下入瑶柱蓉、海米蓉、咸鱼蓉、鱿鱼蓉、干虾子以文火慢炒至酥软，下入红辣椒粉、干红辣椒丝，煸香出红油，下入干葱末翻炒出香，下入炸蒜蓉、桂皮粉炒匀，烹入花雕酒，下入白砂糖、味精翻炒均匀，淋入麻油出锅即成。

特点

香浓微辣，鲜香浓郁，味厚咸醇。

说明

主要用于热菜的调制。在调制中，有的不用花雕酒，而用XO酒。此外，还可加入熟金华火腿蓉375克，以提腊鲜味。加入虾膏15克，豆瓣酱150克，芝麻酱25克，花生酱25克，腰果碎50克。如粤式XO香辣酱炒墨鱼、粤式XO香辣酱炒鲜贝等。

六十八、香辣海鲜烧汁

🍳原料

辣椒酱35克，虾酱10克，虾油5克，鱼露5克，蚝油10克，白糖15克，味精5克，鸡粉3克，料酒10克，老抽5克，海鲜素3克，葱段15克，姜片10克，鸡清汤500克，湿淀粉10克，清油35克。

🥄制作

锅烧热下入清油烧至五成热，下入辣椒酱、葱段、姜片煸香出红油，下入虾酱稍炒，烹入料酒，下入鸡清汤及其他调料烧开，将汁收浓，以湿淀粉勾芡即成。

🍲特点

口味浓厚，鲜香适口。

📋说明

主要用于热菜烧制各种原料后浇汁。如香辣海鲜汁烧鲈鱼、香辣海鲜汁烧掌中宝等。

六十九、辣妹子咖喱少司

🍳原料

香辣酱35克，红辣椒粉10克，咖喱粉50克，洋葱末25克，蒜蓉10克，姜蓉10克，姜黄粉10克，味精10克，鸡粉10克，鸡清汤500克，香叶2片，清油150克，清油面捞（以清油40克，面粉35克炒制）75克。

🥄制作

锅烧热下入清油烧至五成热，下入洋葱末、蒜蓉、姜蓉、香叶及香辣酱、红辣椒粉煸香出红油，改用文火，下入咖喱粉、姜黄粉炒出香味，下入鸡清汤及其他调料烧开，下入清油面捞，用打蛋器打匀调好浓度即成。

香辣浓郁，咖喱香浓，鲜咸醇厚。

说明

可用于西餐热菜的调制。在调制中，还可分别调入椰浆25克、植物淡奶25克、辣酱油25克。如辣妹子咖喱少司焗河蟹、辣妹子咖喱少司焗大虾等。

七十、泡椒沙茶酱汁

原料

泡红辣椒酱25克，辣椒粉10克，沙茶酱35克，花生酱30克，椰浆15克，植物淡奶15克，料酒10克，白糖10克，黑胡椒粉5克，鲜贝露10克，味精5克，鸡清汤150克，洋葱末10克，蒜蓉10克，清油50克，湿淀粉5克。

制作

锅烧热下入清油烧至四成热，下入泡红辣椒酱、辣椒粉煸香去乳酸味出红油，下入沙茶酱、洋葱末、蒜蓉煸香，烹入料酒，下入鸡清汤及其他调料烧开，将汁收浓，以湿淀粉勾芡即成。

特点

沙茶香浓，鲜咸醇厚。

说明

主要用于热菜烧、炒等类菜肴的调制。在冷菜的调制中，还可加入咖喱粉5克。如无鲜贝露，也可选择美极鲜味汁。还可加入豆瓣酱25克，瑶柱蓉15克，海米蓉15克，叉烧酱25克。如泡椒沙茶鱼条、泡椒沙茶海鲜煲等。

七十一、胡椒酸甜脆皮水

原料

白胡椒粉15克，大红浙醋450克，麦芽糖120克，淀粉25克，味精3克，精盐2克。

制作

将各种调料入锅，加热搅匀成浆状即成。

酸甜味浓，咸鲜微辣。

说明

主要用于热菜炸、烤、煎等类菜肴的表皮上色，提味，提高脆质之用。在调制中，水温不要太高，保持40℃左右，醋与麦芽糖的体积比为4∶1。此外，还可根据需要分别加入白醋、喼汁、生抽、美极鲜味汁、冰糖等各适量。如胡椒酸甜脆皮烤羊腿、胡椒酸甜脆皮大肠等。

七十二、胡椒粤式糖醋汁

原料

白胡椒粉3克，番茄酱20克，白醋50克，白糖30克，味精3克，精盐2克，湿淀粉3克，清油20克，清水50克。

制作

锅烧热下入清油烧至四成热，下入番茄酱煸香出红油，下入白醋、白糖及其他调料，以小火将白糖熬化，以湿淀粉勾芡即成。

特点

酸甜浓厚，咸鲜微辣。

说明

主要用于各种热菜的调制。在调制中，可根据火候大小增加适量清水。如用于冷菜，可无需勾芡。此外，还可加入喼汁（或辣酱油）5克、奶油15克、牛骨汤50克。如胡椒粤式糖醋咕咾肉、胡椒粤式糖醋小龙虾等。

七十三、胡椒粉酸辣汤汁

原料

白胡椒粉3克，柠檬汁15克，番茄沙司10克，辣椒汁10克，精盐3克，味精5克，鸡粉5克，鸡清汤850克，通用主味素2克，湿淀粉10克。

制作

将鸡清汤入锅，加入各种调料烧开，调好咸鲜微辣味，以湿淀粉勾芡，下入柠檬汁调匀即成。

胡椒味浓，酸辣适口。

主要用于热菜汤羹类菜肴的调制。在调制中，如无柠檬汁，可用白醋。如胡椒粉酸辣哈士蟆油汤、胡椒粉酸辣三鲜汤等。

七十四、花椒孜然烧汁

干花椒5克，孜然籽5克，洋葱粒15克，姜粒5克，蒜蓉5克，料酒10克，酱油15克，味精5克，鸡粉5克，精盐3克，白糖5克，鸡清汤250克，清油25克，湿淀粉5克。

锅烧热下入清油烧至五成热，下入干花椒煸至褐色，下入洋葱粒、姜粒、蒜蓉及孜然籽煸香，烹入料酒，下入酱油、鸡清汤及其他调料烧开，将汁收浓，以湿淀粉勾芡即成。

孜然香浓，鲜咸得当。

主要用于热菜烧制各种原料。在调制中，也可根据需要不勾芡，而采用干烧的手法。如花椒孜然烧鳊鱼、花椒孜然炒鱿鱼等。

七十五、花椒粉孜然汁

花椒粉3克，孜然粉3克，精盐2克，味精3克，鸡粉3克，美极鲜味汁15克，鸡清汤25克，麻油5克。

将各种调料入碗，调匀即成。

麻香浓郁，孜然香浓。

可用于冷、热菜的调制。如用于热菜，可加入清油、葱段、姜片煸炒后，烹汁即成。如花椒粉孜然拌香干、花椒粉孜然煎烹羊柳等。

七十六、花椒粉豆豉汁

花椒粉10克，豆豉50克，料酒5克，味精5克，清油20克，鲜蒜蓉5克。

将豆豉洗净沥干剁成蓉，入锅中炒干水气出香味盛入碗中。锅中下入清油烧至五成热，下入鲜蒜蓉煸香，烹入料酒，下入炒好的豆豉蓉及其他调料，炒匀出锅即成。

豉香浓郁，咸鲜适口。

可用于冷、热菜的调制。在调制中，还可加入鱼露5克。如花椒豉汁拌鲜鱿、花椒豉汁炒龙虾仔等。

七十七、花椒粉豉蒸酱

花椒粉15克，豆豉200克，猪肥膘肉末50克，洋葱蓉20克，鲜蒜蓉15克，陈皮末15克，冬菇末50克，鲜红尖椒末50克，白糖10克，老抽5克，精盐5克，味精10克，鸡粉10克，鸡清汤250克，料酒15克，湿淀粉10克，清油100克。

将锅烧热，下入清油烧至五成热，下入猪肥膘肉末煸透，下入豆豉、洋葱蓉、鲜蒜蓉、陈皮末炒透，下入鲜红尖椒末、冬菇末炒匀，烹入料酒，下入鸡清汤及其他调料烧开，以湿淀粉勾芡即成。

豉香浓郁，鲜咸醇厚。

主要用于热菜蒸类菜肴的调制。在调制中，还可加入芹菜末25克以提高清香味。如花椒粉豉蒸鲢鱼尾、花椒粉豉蒸开片虾等。

七十八、花椒豆豉烧汁

原料

干花椒10克，豆豉15克，葱段15克，姜片5克，料酒10克，老抽5克，味精5克，鸡粉5克，精盐2克，鸡清汤250克，湿淀粉5克，清油35克。

制作

锅烧热下入清油烧至五成热，下入干花椒煸至褐色，下入豆豉、葱段、姜片煸香，烹入料酒，下入鸡清汤及其他调料烧开，将汁收浓，以湿淀粉勾芡即成。

特点

豉香浓郁，鲜咸醇厚。

说明

主要用于热菜烧制原料。在调制中，还可加入蚝油10克。如花椒豆豉烧兔丁、花椒豆豉烧鸡块等。

七十九、花椒复合酱烧汁

原料

干花椒10克，甜面酱10克，柱侯酱10克，白糖10克，鸡粉5克，味精5克，料酒10克，鸡清汤250克，湿淀粉5克，清油35克，麻油5克。

制作

将锅烧热，下入清油烧至五成热，下入干花椒煸至褐色，下入甜面酱、柱侯酱炒透，烹入料酒，下入鸡清汤及其他调料烧开，改用文火稍熥，打去料渣，将汁收浓，以湿淀粉勾芡，淋入麻油即成。

酱香浓郁，鲜咸适口。

说明

主要用于热菜烧制原料。在调制中，还可加入蚝油10克。如花椒复合酱烧鸡翅根、花椒复合酱烧鹅掌等。

八十、鲜花椒复合酱烧汁

原料

鲜花椒10克，海鲜酱35克，叉烧酱20克，饴糖10克，味精5克，鸡粉5克，料酒10克，鸡清汤500克，湿淀粉5克，清油50克，葱段10克，姜片5克，酱油10克。

制作

将锅烧热，下入清油烧至五成热，下入海鲜酱、叉烧酱、葱段、姜片炒透出香，烹入料酒，加入酱油、鸡清汤及其他调料烧开，将汁收浓，以湿淀粉勾芡即成。

特点

酱香清爽，鲜咸适中。

说明

主要用于热菜烧制原料。在调制中，如无饴糖，可在将汁收浓后调入蜂蜜。此外，还可加入蚝油10克。如鲜花椒复合酱焗牛蛙、鲜花椒复合酱焗大虾等。

八十一、花椒酒红腐乳爆汁

原料

花椒酒10克，红方腐乳酱（腐乳与汁1∶1调成酱）30克，白糖5克，味精5克，鸡粉3克，鸡清汤25克，湿淀粉5克，清油30克，葱段10克，姜片5克。

制作

将锅烧热，下入清油烧至五成热，下入葱段、姜片爆香，下入红方腐乳炒透，烹入花椒酒，下入鸡清汤及其他调料烧开，以湿淀粉勾芡即成。

（🔍特点）

麻香清爽，腐乳香醇，咸鲜微甘。

（📋说明）

主要用于热菜爆炒类菜肴的调制，可爆制300克左右原料，在调制中，也可根据需要不勾芡。此外，还可加入鲜红椒丝5克。如花椒酒红腐乳爆花枝片、花椒酒红腐乳爆鱿鱼等。

八十二、花椒油白腐乳爆汁

（🍲原料）

花椒油5克，白腐乳酱（腐乳与汁1∶1调成酱）30克，姜丝5克，白糖5克，味精5克，鸡清汤25克，料酒5克，湿淀粉5克，清油30克。

（👨‍🍳制作）

锅烧热下入清油烧至五成热，下入白腐乳、姜丝煸香，烹入料酒，下入鸡清汤及其他调料烧开，以湿淀粉勾芡，淋入花椒油即成。

（🔍特点）

腐乳香醇，鲜咸醇厚。

（📋说明）

主要用于热菜爆炒类菜肴的调制。可爆制300克左右原料。在调制中，还可加入鱼露5克。如花椒油白腐乳爆蜗牛、花椒油白腐乳爆扇贝等。

八十三、花椒水酱酯味汁

（🍲原料）

花椒水10克，白酱油35克，鸡粉3克，味精3克，柠檬汁3克，清汤25克。

（👨‍🍳制作）

将各种原料入碗调匀即成。

（🔍特点）

麻香清爽，鲜咸适口。

📋 说明

主要用于冷、热菜的蘸食。如花椒水酱醅汁拌象拔蚌、花椒水酱醅汁配原壳鲍鱼等。

八十四、花椒粉粤式 XO 酱

🍳 原料

花椒粉30克，蒸发瑶柱蓉38克，海米蓉38克，咸鱼蓉50克，鱿鱼蓉50克（用家用搅拌机打制），干虾子50克，炸蒜蓉325克，干葱末300克，桂皮粉10克，白砂糖50克，味精50克，花雕酒100克，麻油125克，清油500克。

👍 制作

锅烧热，下入清油烧至四成热，下入瑶柱蓉、海米蓉、咸鱼蓉、鱿鱼蓉、干虾子以文火慢炒至原料酥软，下入干葱末翻炒出香，下入炸蒜蓉、花椒粉及桂皮粉炒匀，下入白砂糖、味精，烹入花雕酒，翻炒均匀，淋入麻油即成。

🦑 特点

鲜香适口，味道醇厚。

📋 说明

主要用于热菜的调制。在调制中，有的不用花雕酒，而用XO酒。此外，还可加入熟金华火腿蓉375克，以提高鲜味。如花椒粉粤式XO酱炒河虾等。

八十五、花雕酒海鲜鲍烧汁

🍳 原料

花雕酒20克，鲍鱼原汁150克，鲍鱼素5克，蚝油10克，老抽5克，味精5克，白砂糖5克，鸡清汤250克，湿淀粉5克，清油35克，葱段15克，姜片10克。

👍 制作

锅烧热，下入清油烧至五成热，下入葱段、姜片煸香，烹入鲍鱼原汁、鲍鱼素、蚝油、老抽、味精、白砂糖，加入鸡清汤及其他调料烧开，将汁收浓，以湿淀粉勾芡即成。

鲜香浓郁，味厚鲜醇。

说明

主要用于热菜烧制原料后浇汁。如花雕酒海鲜鲍烧汁烧海参、花雕酒海鲜鲍烧汁烧海参等。

八十六、花椒火腿烧汁

原料

干花椒15克，金华火腿500克，火腿香精3克，鸡清汤1000克，鸡粉10克，味精5克，精盐3克，料酒10克，酱油10克，葱段15克，姜片10克，湿淀粉5克，清油35克。

制作

将金华火腿切片，放入容器，加入鸡清汤、鸡粉及干花椒，入蒸笼蒸约4小时，至火腿酥烂，麻香鲜味透出，取出撇净浮油，将汤汁过滤入容器。锅烧热下入清油烧至五成热，下入葱段、姜片煸香，烹入料酒、酱油，下入滤出的火腿汤汁烧开，加入其他调料，将汁收浓，调入火腿香精，以湿淀粉勾芡，淋入少许撇出的浮油即成。

特点

味厚鲜醇，香味浓郁。

说明

主要用于热菜烧、扒及上汤类菜肴的调制。如花椒火腿烧汁烧鱼唇、花椒火腿烧汁烧牛骨髓等。

八十七、鲜花椒腊味烧汁

原料

鲜花椒15克，腊猪肉500克，腊板鸭块250克，鸡清汤850克，冰糖15克，蘑菇精10克，精盐3克，味精5克，料酒10克，湿淀粉5克，葱段10克，姜片10克，清油35克。

将腊猪肉切片与腊板鸭块一起放入容器，加入鸡清汤、冰糖及蘑菇精入蒸笼蒸约4小时至肉、鸭炖烂，取出撇净浮油，将汤汁过滤后倒入容器。锅烧热，下入清油烧至五成热，下入葱段、姜片煸香，烹入料酒，下入腊肉汤烧开，加入其他调料，改用文火稍㸆，待鲜花椒出清香，将汁收浓，以湿淀粉勾芡即成。

特点

腊香浓郁，咸鲜醇厚。

说明

主要用于热菜烧、扒类菜肴的调制。如鲜花椒腊味烧海参、鲜花椒腊味烧鱼皮等。

八十八、花椒酒酱菜爆汁

原料

花椒酒10克，咸味酱菜粒25克，酱菜原汁5克，味精5克，鸡清汤25克，葱段10克，姜片5克，湿淀粉5克，清油20克，麻油5克。

制作

锅烧热下入清油烧至五成热，下入咸味酱菜粒、葱段、姜片爆香，烹入鸡清汤及其他调料烧开，以湿淀粉勾芡，淋入麻油即成。

特点

酱香清爽，鲜咸适口。

说明

主要用于热菜爆炒类菜肴的制作。如花椒酒酱菜爆腰花、花椒酒酱菜爆墨鱼花等。

八十九、花椒油咖喱酱

原料

花椒油20克，咖喱粉45克，咖喱油30克，姜黄粉5克，鲜葱蓉20克，姜蓉

10克，蒜蓉15克，香叶10克，丁香粉3克，八角粉3克，陈皮末3克，桂皮粉3克，香菜粉3克，精盐3克，味精5克，葱汁10克，料酒15克，鸡清汤250克，清油面捞（以清油25克，面粉20克炒制）45克，清油50克。

（✒制作）

锅烧热下入清油烧至五成热，下入鲜葱蓉、姜蓉、蒜蓉、香叶炒透出香至出油，改用文火，下入咖喱粉，炒至出咖喱香味出黄油，下入葱汁及鸡清汤和其他调料烧开，下入清油面捞，用打蛋器搅匀，调好浓稠度即成。

（✎特点）

咖喱香浓，咸鲜微辣。

（📋说明）

可用于西餐热菜的调制。在制作中，还可加入辣酱油25克。如花椒油咖喱少司鱼、花椒油咖喱少司牛排等。

九十、花椒粉咖喱少司

（🍲原料）

花椒粉10克，咖喱粉50克，洋葱末25克，蒜蓉10克，姜蓉10克，姜黄粉10克，味精10克，鸡粉10克，鸡清汤500克，香叶2片，清油150克，清油面捞（以清油35克，面粉30克炒制）65克。

（✒制作）

锅烧热下入清油烧至五成热，下入洋葱末、蒜蓉、姜蓉、香叶煸香，改用文火，下入咖喱粉、姜黄粉炒出香味，加入鸡清汤及其他调料烧开，下入清油面捞，用打蛋器打匀，调好浓稠度即成。

（✎特点）

麻香浓郁，咖喱香浓，鲜咸微辣。

（📋说明）

可用于西餐热菜的调制，在调制中，还可分别调入椰浆25克，植物淡奶25克，辣酱油25克。如花椒粉咖喱少司扒猪排、花椒粉咖喱少司扒鱼皮等。

九十一、花椒粉潮式沙茶酱

🍅原料

花椒粉20克，虾酱50克，海米蓉100克，红辣椒粉50克，豆瓣酱50克，洋葱末50克，鲜蒜蓉25克，南姜20克，料酒30克，香菜籽10克，芥菜籽15克，香叶5克，五香粉5克，丁香粉3克，香茅20克，酱油15克，味精10克，精盐5克，白糖40克，清油500克。

✋制作

将香菜籽和芥菜籽磨碎，香叶和香茅炒香磨细。锅烧热，下入清油烧至五成热，下入洋葱末、鲜蒜蓉、南姜一起煸香，下入海米蓉炒酥至吐油，下入虾酱、豆瓣酱、红辣椒粉、香菜籽碎、芥菜籽碎、香叶、香茅、丁香粉、五香粉，用手勺在锅内不停地搅动，防止沉底，待香味透出，关火，烹入料酒，下入其他调料搅匀出锅即成。

🏵特点

香气浓郁，沙茶香浓，鲜咸微辣。

📖说明

可用于冷、热菜的调制，在调制中，还可加入咖喱酱10克，椰浆25克，花生酱75克，芝麻酱75克，花生仁碎100克。如花椒粉潮式沙茶拌手撕鸭脖、花椒粉潮式沙茶焖腔骨等。

九十二、花椒酒沙茶酱汁

🍅原料

花椒酒20克，沙茶酱35克，红椒粉10克，花生酱30克，椰浆15克，植物淡奶15克，白糖10克，鲜贝露10克，味精5克，精盐5克，鸡清汤250克，洋葱末10克，蒜蓉10克，清油50克，湿淀粉5克。

✋制作

锅烧热下入清油烧至四成热，下入洋葱末、蒜蓉、红椒粉煸香出红油，下入沙茶酱稍炒，烹入其他调料，下入鸡清汤烧开，将汁收浓，以湿淀粉勾芡即成。

沙茶香浓，咸鲜微辣。

⊟说明

主要用于热菜烧、炒等类菜肴的调制。在冷菜的调制中，无需勾芡，只需将汁收浓，凉凉即成。在调制中，还可加入咖喱粉5克。如无鲜贝露，也可选择美极鲜味汁，如花椒酒沙茶酱八爪鱼、花椒酒沙茶酱焗青蟹等。

九十三、花椒油五香烧汁

⊛原料

花椒油15克，八角5克，桂皮5克，甘草5克，白芷2克，山奈2克，陈皮3克，砂仁3克，草果5克，丁香2克，纱布1方，酱油15克，白糖20克，料酒15克，味精5克，鸡粉5克，精盐3克，清油35克，葱段15克，姜片10克，鸡清汤750克，湿淀粉5克。

⊛制作

锅烧热下入清油烧至四成热，下入葱段、姜片煸香，烹入料酒，加入鸡清汤及其他调料，将香料用纱布包好，入锅烧开，改用文火烧15分钟，待香味透入汤中，将汁收浓至350克左右，去掉香料包，开大火将汁收浓，以湿淀粉勾芡即成。

⊕特点

香味浓郁，椒香突出。

⊟说明

主要用于烧制各种原料。如花椒油五香烧牛腩、花椒油五香烧鸡块等。

九十四、鲜花椒白卤烧汁

⊛原料

鲜花椒15克，八角、桂皮、甘草、陈皮、草果各10克，小茴香、白豆蔻、肉蔻各5克，丁香、白芷、香叶各2克，布袋1个，柠檬汁10克，精盐3克，味精5克，鸡粉5克，鸡清汤750克，葱段15克，姜片10克，清油35克，湿淀粉5克。

将香料放入布袋封好，下入汤锅，加入鸡清汤入笼蒸4小时，待香味透入汤中，取出去掉香料包。锅烧热，下入清油烧至五成热，下入葱段、姜片爆香，倒入蒸好的卤汤，下入其他调料烧开，将汁收浓，以湿淀粉勾芡即成。

特点

香味浓郁，口味醇厚。

说明

主要用于热菜烧制各种原料。如鲜花椒白卤烧羊排、鲜花椒白卤烧猪手等。

九十五、花椒粤式油鸡水

原料

干花椒15克，桂皮5克，八角5克，陈皮5克，小茴香5克，丁香3克，草果1个，罗汉果碎5克，香叶2克，甘草10克，冰糖75克，味精5克，鸡粉5克，精盐3克，老抽25克，生抽250克，清水350克，葱15克，姜10克。

制作

将香料用纱布包好，下入汤锅，加入其他调料，入笼蒸2小时。取出凉凉，去掉香料包即成。

特点

五香浓郁，鲜咸适口。

说明

主要用于腌制和卤制各种原料，入味及上色后，用于炸制或烤制等。如花椒粤式油鸡水炸乳鸽、花椒粤式油鸡水脆皮鸡等。

九十六、豉料淮式蟹粉

原料

粤式豆豉35克，江蟹1000克，姜汁10克，精盐5克，鸡粉5克，白糖5克，味精5克，料酒15克，清油150克。

将蟹蒸熟，冷却后取出蟹肉、蟹黄。锅烧热下入清油烧至四成热，下入蟹黄、蟹肉炒散，烹入料酒，下入其他原料，改用文火翻炒至水汽将尽，蟹肉色金黄成粉状，出豉蟹香味，出锅盛入调料罐即成。

特点

豉味浓郁，鲜香味醇。

说明

主要用于热菜蟹味类菜肴的调制。如豉料淮式蟹粉鱼煲、豉料淮式蟹粉蹄筋等。

九十七、豉料粤式 XO 酱

原料

粤式豆豉30克，瑶柱蓉40克，海米蓉35克，咸鱼蓉5克，鱿鱼蓉10克（用家用搅拌机打制），干虾子5克，炸蒜蓉30克，干葱末30克，桂皮粉1克，白砂糖5克，味精5克，花雕酒10克，麻油15克，清油100克。

制作

锅烧热，下入清油烧至四成热，下入粤式豆豉、干葱末煸香，下入瑶柱蓉、海米蓉、咸鱼蓉、鱿鱼蓉、干虾子以文火慢炒至辅味原料酥软，下入炸蒜蓉及桂皮粉炒透出香，下入白砂糖、味精，烹入花雕酒，翻炒均匀，淋入麻油，盛入调料罐即成。

特点

豉味浓郁，鲜香味醇。

说明

主要用于热菜的调制。在调制中，有的不用花雕酒，而用XO酒。此外，还可加入熟金华火腿蓉35克，以提升鲜味；加入红辣椒粉15克，以提香味。如豉料XO香辣酱炒墨鱼、豉料XO香辣酱炒牛柳等。

九十八、永川豉蚝皇汁

永川豆豉50克，干蚝100克，蚝油200克，料酒15克，老抽10克，精盐5克，味精10克，鸡粉5克，白糖5克，鸡清汤250克，清水100克。

🥄制作

将永川豆豉洗净炒干水气，稍碾碎入盆，加入洗净的干蚝，加入清水浸泡一天，加入鸡清汤入蒸笼蒸3小时，取出滤出汤汁，加入其他调料调匀即成。

👤特点

豉味鲜香，鲜咸适口。

📋说明

主要用于热菜烧、焖等菜肴的调制。如永川豉蚝皇汁烧甲鱼、永川豉蚝皇汁烧牛排等。

九十九、永川豉火腿烧汁

🍲原料

永川豆豉35克，金华火腿500克，火腿香精3克，鸡清汤1000克，鸡粉10克，味精5克，精盐3克，料酒10克，酱油10克，葱段15克，姜条10克，湿淀粉5克，清油35克。

🥄制作

将永川豆豉洗净炒干水气，将金华火腿切片，放入容器中，加入鸡清汤、鸡粉与原料一同入蒸笼蒸4小时，至火腿软烂，豆豉蒸透取出。将火腿汁撇净浮油，将汤汁过滤入容器。锅烧热，下入清油烧至五成热，下入豆豉、葱段、姜条煸香，烹入料酒，加入酱油，下入滤出的火腿汤汁烧开，下入其他调料，将汁收浓，调入火腿香精，以湿淀粉勾芡，淋入少许撇出的火腿浮油即成。

👤特点

豉味浓郁，鲜咸味醇。

主要用于热菜烧、扒及上汤类菜肴的调制。如永川豉火腿烧汁烧鳜鱼、永川豉火腿烧汁烧肘子等。

一百、永川豉沙茶酱烧汁

原料

永川豆豉25克，沙茶酱35克，红椒粉10克，花生酱30克，椰浆15克，植物淡奶15克，料酒10克，白糖10克，鲜贝露10克，味精5克，精盐3克，鸡清汤250克，洋葱末10克，蒜蓉10克，清油50克，湿淀粉5克。

制作

将永川豆豉洗净炒干水气，用油浸透。锅烧热，下入清油烧至四成热，下入原料煸透，下入洋葱末、蒜蓉、红椒粉煸香出红油，下入沙茶酱炒匀，烹入料酒，下入鸡清汤及其他调料烧开，熁透，将汁收浓，以湿淀粉勾芡即成。

特点

豉香浓郁，沙茶香浓，鲜咸微辣。

说明

主要用于热菜烧、炒等类菜肴的调制。在调制中，还可加入咖喱粉5克，如无鲜贝露，也可选用美极鲜味汁。如永川豉沙茶酱焖鹅块、永川豉沙茶酱焖甲鱼等。

一百零一、柱侯酱红乳酱汁

原料

柱侯酱15克，红方腐乳酱（腐乳与汁1：1调成酱）30克，鸡清汤25克，味精5克，白糖5克。

制作

将原料入碗调匀，分别盛入小味碟即成。

特点

酱香清爽，腐乳香醇，咸鲜适中。

主要用于冷菜及热菜的蘸食或调味。在调制中，还可加入韭菜花酱15克，芝麻酱15克，红油辣椒10克，海鲜酱10克，腐乳汁25克等。如柱侯酱红乳酱汁拌鸡丝、柱侯酱红乳酱汁配涮羊肉等。

一百零二、金沙粉

干贝200克，海米200克，咖喱粉50克，辣椒粉120克，黄姜粉60克，黑胡椒粉10克，八角粉10克，花椒粉10克，香叶2片，精盐10克，味精60克，白糖10克，澄粉150克，鸡精50克，清油20克。

将海米、干贝分别放入四成油温的油中炸至呈金黄色时，捞出沥油，然后碾碎成粉末状，香叶也碾碎。炒锅刷洗干净，把上述原料倒入锅内，慢火炒制，使之受热均匀淋入少许清油，凉凉即可。

色泽金红，香味浓郁。

主要用于热菜的调味。如金沙香肉排、金沙焗羊排等。

一百零三、豉蚝汁

豆豉300克，蚝油120克，大蒜末100克，泡椒70克，陈皮40克，料酒50克，老抽150克，红葡萄酒50克，白糖75克，生抽120克，姜丝、香菜丝各5克，色拉油100克，鸡清汤750克。

豆豉用刀排剁成泥、泡椒切段、陈皮切末，炒锅上火烧热加入色拉油，加入大蒜末、豆豉泥、陈皮末、泡椒段煸香，加入鸡清汤及其他调味品烧开后离火，冷却后再加红葡萄酒。

豉香味浓，蚝鲜宜人。

说明

主要用于热菜的调味。如豉蚝蒸龙鱼、豉蚝鳗鲡煲等。

一百零四、蜜椒汁

原料

黑椒粉75克，豆瓣酱150克，豆豉泥130克，蚝油30克，柱侯酱20克，精盐20克，蜂蜜200克，鸡精、味精各20克，上汤250克，生抽120克，葱蓉、蒜蓉各50克，色拉油75克。

制作

炒锅入色拉油烧热，下葱蓉、蒜蓉爆香，投入豆豉泥、柱侯酱、豆瓣酱、蚝油炒出香气后加入上汤、精盐、黑椒粉、生抽烧沸，然后加鸡精、味精、蜂蜜即可。

特点

汁香浓郁，微辣回甜。

说明

主要用于热菜的调味。如蜜椒扣牛筋、蜜椒扣菜卷等。

一百零五、千岛汁

原料

卡夫奇妙酱200克，忌廉奶100克，白兰地15克，茄汁220克，鲜柠檬25克。

制作

将卡夫奇妙酱、忌廉奶、白兰地、鲜柠檬、茄汁一同放器皿内摇匀取出即可。

特点

奶香味醇，口味微酸。

主要用于热菜的调味。如千岛乳鸽皇、千岛汁煎虾饼等。

一百零六、京都汁

原料

大红浙醋、白砂糖各500克，甜酸调味酱150克，椰汁、桂花唥汁各200克，番茄沙司300克，忌廉奶1000克，淡奶450克，精盐15克。

制作

将各种原料拌匀后倒入器皿中即可。

特点

椰香浓郁，酸甜开胃。

说明

主要用于热菜的调味。如京都蛋黄卷、京都仔排等。

一百零七、西汁

原料

洋葱头150克，番茄片150克，西芹150克，香芹150克，红萝卜150克，干红辣椒25克，八角、草果各12克，茄汁250克，OK汁250克，精盐50克，鸡精25克，味精25克，料酒90克，白糖500克，辣酱油30克，美极鲜味汁75克。

制作

炒锅上火烧热，加入清水2000克、洋葱头、番茄片、西芹、香芹、红萝卜（块）、干红辣椒、八角、草果一起烧煮，至汤剩1000克时去汤渣，再加入茄汁、OK汁、精盐、味精、鸡精、料酒、白糖、辣酱油、美极鲜味汁搅拌均匀即成。

特点

汁味鲜香，咸甜微酸。

说明

主要用于热菜的调味。如西汁牛柳、西汁焗羊排等。

一百零八、葡汁

原料

洋葱75克，奶油50克，高筋面粉50克，鲜奶100克，上汤400克，蛋黄半颗，椰汁10克，咖喱油10克，精盐38克，味精25克，鸡精30克，二汤2000克，鸡骨200克，牛骨200克，鱼骨200克，芹菜20克，香叶5克，丁香5颗。

制作

炒锅上火加奶油，加入高筋面粉用小火炒至金黄色。先加入上汤及1000克二汤离火搅至起筋，再加入剩余的二汤搅至顺滑，加入鲜奶、椰汁、咖喱油、蛋黄搅匀，最后再加调味料即成。

特点

色泽淡黄，香气四溢，咖喱味浓。

说明

主要运用海鲜菜肴。如葡汁焗鱼段、葡汁澳洲带子等。

一百零九、烧烤汁

原料

麦芽糖60克，白醋500克，大红浙醋50克，料酒10克，淀粉10克，清水50克。

制作

将清水放入大盆中，加入白醋、大红浙醋、溶解后的麦芽糖，下料酒、淀粉一起溶解拌匀即可。

特点

色泽鲜红，酸甜适口。

说明

主要用于热菜的调味。如脆皮烤乳猪、一品挂炉烤鸭等。

一百一十、酱皇汁

📋 原料

OK汁20克，蚝油、腐乳汁各30克，美极鲜味汁40克，清水200克，白糖3克。

👍 制作

将炒锅烧热，加入清水、白糖、美极鲜味汁、腐乳汁、蚝油烧沸后再下OK汁即成。

🔍 特点

色泽浅黄，味道浓郁，香气四溢。

📑 说明

主要用于热菜的调味。如酱皇焗乳鸽、酱皇炸凤爪等。

一百一十一、鲜味王汁

📋 原料

干贝汁50克，美极鲜味汁30克，鱼露25克，蚝油25克，生抽15克，白糖2克，胡椒粉2克，鸡精3克，味精5克，鸡清汤30克，色拉油25克，麻油10克，生姜20克。

👍 制作

炒锅上火烧热加色拉油，生姜切末用净布挤其汁液入锅内，加胡椒粉炒匀，再加干贝汁、美极鲜味汁、鱼露、蚝油、生抽、鸡精、味精、白糖、鸡清汤、麻油拌匀即可。

🔍 特点

口味醇鲜，回味清爽。

📑 说明

主要用于热菜的调味。如鲜香浸豆腐、双珍煲菜胆等。

一百一十二、妙味酱

原料

柱侯酱50克，海鲜酱50克，花生酱15克，番茄沙司15克，沙嗲酱15克，蒜蓉辣酱20克，白糖20克，葱末、姜末、蒜末、洋葱末各10克，酒酿20克，花生油75克，麻油25克。

制作

锅中倒入花生油烧热后加入葱末、姜末、蒜末、洋葱末炒出香味后，加蒜蓉辣酱、沙嗲酱、柱侯酱、海鲜酱、花生酱、白糖、番茄沙司、酒酿、麻油调匀即可。

特点

味道鲜香，风味独特。

说明

主要用于热菜的调味。如特妙童仔鸡、特妙肉香煲等。

一百一十三、OK汁

原料

番茄500克，苹果酱250克，柠檬汁75克，洋葱250克，蒜头150克，橙汁25克，蚝油100克，滑汤2000克，白糖200克，精盐150克，花生油100克。

制作

将番茄、洋葱切碎，蒜头切蓉，锅下花生油烧热，入蒜蓉爆香，下切好的番茄、洋葱炒透，转至瓦煲中，下滑汤慢火熬半小时，过滤，然后加入苹果酱、柠檬汁、橙汁、蚝油、白糖、精盐，搅拌均匀煮沸即成。

特点

色泽棕黑，口味清香，酸甜可口。

说明

主要用于热菜的调味。如OK酱爆带子、OK酱爆乳鸽等。

一百一十四、鲜皇汁

原料

虾油卤75克，唥汁100克，生抽120克，鱼露60克，料酒40克，麻油20克，鲜汤20克，葱、姜、蒜各35克，泡椒丝20克，精盐3克，胡椒粉8克，味精10克，香菜15克。

制作

将葱、姜、蒜均切蓉，香菜切末，将虾油卤、唥汁、生抽、鱼露、料酒、麻油、鲜汤均放入容器内搅拌均匀，再放入葱、姜、蒜、香菜、泡椒丝、胡椒粉、精盐、味精即成。

特点

口味清香，轻甜微辣。

说明

适用于清蒸类、白灼类。如白灼海螺、清蒸鲥鱼等。

一百一十五、煲仔酱

原料

柱侯酱300克，海鲜酱300克，辣椒酱300克，沙嗲酱300克，麻油150克，色拉油500克，蒜蓉250克，姜末250克。

制作

炒锅上火，下色拉油入蒜蓉、姜末煸香，加入柱侯酱、海鲜酱、辣椒酱、沙嗲酱、麻油调匀即成。

特点

滋味鲜香，色泽赤红。

说明

主要用于热菜的调味。如煲仔酱烧鸭、煲仔酱烧猪手等。

参考文献

［1］ 邵万宽. 调味品质量与菜肴风味［J］. 中国调味品, 2013,
（11）: 98-101.

［2］ 蔡育发. 调味品质量与菜肴风味［J］. 上海调味品, 1998,
（4）: 20-22.

［3］ 熊科, 夏延斌. 菜肴风味与调味研究［J］. 中国食物与营
养, 2007,（2）: 20-22.

［4］ 毛羽杨. 调味中影响味觉的因素［J］. 食品科技, 2013,
（5）: 52-53.

［5］ 廖杰. 复合调味品的开发与研制［J］. 江苏调味副食品,
2004,（21）: 20-22.

［6］ 邵万宽. 我国传统菜肴调味文化的四大主干味型［J］. 中国
调味品, 2018,（3）: 192-197.

［7］ 王仲礼. 论复合调味料的现状及发展趋势［J］. 江苏调味副
食品, 2003,（6）: 5-7.

［8］ 宋钢. 新型复合调味品生产要艺与配方［M］. 北京: 中国
轻工业出版社, 2000.

［9］ 王洪, 王东北. 复合调味料味感的构成及影响因素［J］. 中
国调味品, 1999,（2）: 13-14.

［10］ 王江平. 优质粉状复合调味料生产工艺［J］. 中国调味品,
2001,（11）: 29-31.

［11］ 刘秀琴. 天然调味料的发展趋势［J］. 粮油食品科技,
2003, 11（6）: 27-28.

［12］郑丽红，李岩. 复合型调味料的明天［J］. 江苏调味副食品，2002，（1）：25.

［13］刘惠宾，陈向东，刘苏杭. 海带酸蓉生姜复合调味品生产方法［J］. 食品工业，1997，（5）：16-17.

［14］尹敏. 川菜调味品的开发与利用［J］. 中国调味品，2002，（10）：36-42.

［15］郑友军. 调味品的生产工艺与配方［M］. 北京：中国轻工业出版社，1998.

［16］曹雁平. 食品调味技术［M］. 北京：化学工业出版社，2002.

［17］王迎全. 常见凉菜味型的分类及其调配原理与应用范围（一）［J］. 烹调知识，2013，17（6）：100-105.

［18］张鹏，刘学文，伍学明. 添加剂在调味品中的应用与发展趋势［J］. 中国调味品，2010，8（3）：191-195.

［19］李素云，纵伟，张培旗，等. 模糊综合评判在调味品感官评价中的应用［J］. 中国调味品，2010，19（7）：192-198.

［20］李永菊，丁玉勇. 天然植物食用香辛料在烹调中的应用［J］. 中国调味品，2010，19（12）：145-149.

［21］冯玉珠. 烹调工艺学［M］. 5版. 北京：中国轻工业出版社，2024.